河北大海陀国家级自然保护区
野生动植物图谱

唐宏亮　任志河　张智婷　主　编

武占军　赵俪茗　李永霞　副主编

中国林业出版社

图书在版编目（CIP）数据

河北大海陀国家级自然保护区野生动植物图谱 / 唐
宏亮, 任志河, 张智婷主编 ; 武占军, 赵俪茗, 李永霞
副主编. -- 北京 : 中国林业出版社, 2023.9
ISBN 978-7-5219-2391-9

Ⅰ.①河… Ⅱ.①唐… ②任… ③张… ④武… ⑤赵
… ⑥李… Ⅲ.①自然保护区—野生动物—河北—图谱②
自然保护区—野生植物—河北—图谱 Ⅳ.
①Q958.522.2-64②Q948.522.2-64

中国国家版本馆CIP数据核字(2023)第199863号

策划编辑：肖静
责任编辑：肖静
装帧设计：北京八度出版服务机构
————————————
出版发行：中国林业出版社
　　　　（100009，北京市西城区刘海胡同7号，电话83143577）
电子邮箱：cfphzbs@163.com
网址：www.cfph.net
印刷：河北京平诚乾印刷有限公司
版次：2023年9月第1版
印次：2023年9月第1次
开本：787mm×1092mm　1/16
印张：9.75
字数：106千字
定价：98.00元

编辑委员会

主　任：姚大军

副主任：李志强　郭富贵

委　员：武占军　任志河　李永霞　李晓燕

编　写　组

河北大学参编人员：

　　唐宏亮　王　刚　刘　龙

河北北方学院参编人员：

　　张智婷　樊英鑫　赵海超　孙李光

河北省大海陀国家级自然保护区管理处参编人员：

　　李志强　郭富贵　武占军　任志河　李　莉　赵俪茗　李秀清

　　刘永胜　刘青昊　宋　杰　张桂芳　苟密红　岳海峰　王向芳

　　张秀珍　李　翔　陈昊一　高　珊　高崇元　王少博　冀秀华

　　李晓燕　李永霞

其他参编人员：

　　王志彩　张丽荣

　　河北大海陀国家级自然保护区位于河北省张家口市赤城县境内（以下简称保护区）。地理坐标为东经115°42′57″～115°57′00″，北纬40°32′14″～40°41′40″。南面与北京市延庆区为邻，并以海陀山山脊线为界与北京松山国家级自然保护区相接；西邻怀来县；北与赤城县的雕鹗镇、东与后城镇、西北与大海陀乡相连。保护区总面积12749.35hm^2，属于华北地区典型温带山地森林生态系统，特殊的地理位置和良好的自然环境使其蕴含非常丰富的生物资源。

　　保护区地形复杂、生态环境多样、植被垂直分带明显，植被类型以针叶林、针阔叶混交林、落叶阔叶林、灌丛、亚高山草甸为主，是河北省森林资源集中分布区之一，区内有黄檗、紫椴、野大豆等国家级重点保护野生植物资源。保护区也是河北省山地陆生野生脊椎动物的主要分布区，分布有斑羚、白肩雕、金雕、苍鹰、雀鹰、松雀鹰、普通鵟、红脚隼、红隼、红角鸮、

领角鸮、雕鸮、长耳鸮、勺鸡等珍稀野生动物。

受河北大海陀国家级自然保护区管理处委托，由河北大学、河北北方学院的专家学者与保护区专业技术人员组成科学考察队，从2020年5月到2022年5月对保护区内的动植物进行了系统的野外调查，实地拍摄了大量野生动植物照片，经过鉴定和整理，将其汇编成册。

限于编写者水平，加之时间仓促，本文的错误和疏漏之处在所难免，恳请各位专家批评指正。

编写组

2023年7月

目录

蕨类植物

⒈ 卷柏科 Selaginellaceae

中华卷柏 *Selaginella sinensis* (Desv.) Spring

卷 柏 属

多年生草本。茎匍匐，随处着地生根。枝互生，成二叉分枝。叶鳞片状，贴伏于茎上；分枝上部叶呈4行开展排列，背腹扁平，基部广楔形，边缘有厚白边及缘毛。孢子囊群无柄，生于枝端，呈四棱形；孢子叶卵状三角形。生于山坡石缝中。

⒉ 木贼科 Equisetaceae

草问荆 *Equisetum pratense* Ehrh.

木 贼 属

根状茎黑褐色，匍匐于地下；地上茎二型，孢子茎由根状茎发出，营养茎脊背具硅质小刺状突起。叶鞘鞘齿薄膜质，中央具棕色狭纵条；分枝轮生，每节10枚以上，与茎成直角开展。生于海拔1200～1600m的林内、灌木草丛或山沟中。

3　球子蕨科　Onocleaceae

荚果蕨 *Matteuccia struthiopteris* (L.) Todaro　　　荚 果 蕨 属

　　根状茎短而直立，被棕色披针形鳞片。营养叶草质，披针形，二回羽状深裂；孢子叶狭倒披针形，有长柄，一回羽状，羽片两侧向背面反卷成荚果状，内有多数孢子囊群。生于林下潮湿土壤上或林下山溪旁。根状茎入药。

4　水龙骨科　Polypodiaceae

华北石韦（北京石韦）*Pyrrosia daviddi* (Gies.) Ching　　　石 韦 属

　　多年生草本。植株高5～10cm。根状茎横走，密被棕褐色鳞片。叶密生，线形至披针形，软革质，具凹点，下密生星状毛；叶柄长2～5cm，以关节着生于根状茎上。孢子囊群多行，生于叶背面的较上部分，无盖。生于山坡岩石上或石缝中。

裸子植物

1 **松科** Pinaceae

油松*Pinus tabuliformis* Carr.

松 属

　　乔木。树皮呈不规则的鳞状块片。针叶2针一束，两面具气孔线。球果圆卵形，常宿存数年之久；鳞盾肥厚，扁菱形，鳞脊突起且有尖刺；种子淡褐色有斑纹。花期4—5月，果期翌年10月。生于海拔1700m以下的山坡。材用；药用；树皮可供提取栲胶。

被子植物

1 杨柳科 Salicaceae

旱柳 *Salix matsudana* Koidz.

柳 属

乔木。树皮深裂，暗灰黑色。叶披针形，边缘有明显的细锯齿，上面绿色，下面灰白色。雄花序长1.5～2.5cm，雌花序长约1.2cm。蒴果2瓣裂；种子具极细的丝状毛。花期4月，果期5月。各地均有分布和栽培。材用；饲用；蜜源植物；根皮可入药。

2 胡桃科 Juglandaceae

胡桃楸 *Juglans mandshurica* Maxim.

胡 桃 属

落叶乔木。树皮灰色。奇数羽状复叶，小叶15～23，卵状椭圆形或长椭圆状披针形，具细锯齿。柔荑花序。果序长10～15厘米，俯垂，具5～7果，顶端尖，密被腺毛。花期5月，果期8—9月。生山谷或山坡林中。药用；鞣料；材用；绿化。

3 桦木科 Betulaceae

榛（平榛）*Corylus heterophylla* Fisch. ex Trautv.　　榛 属

落叶灌木。树皮灰褐色。枝有圆形的髓心。叶片宽倒卵形，中央处具三角形突尖，边缘有不规则的大小锯齿。雄花序单生或2～3个簇生；雌花2～6朵簇生于枝端。坚果1～4个簇生。花期3—4月，果期8—9月。生于海拔1000m以上的荒山坡阔叶林中。食用；饲用；可供提取栲胶。

4 壳斗科 Fagaceae

蒙古栎*Quercus mongolica* Fisch. ex Ledeb.　　栎 属

落叶乔木。树皮灰褐色，深纵裂。叶倒卵形，基部耳形，边缘有波状钝齿牙。雄花序腋生于新枝上；雌花1～3朵生于枝梢。壳斗杯形，壁厚；苞片覆瓦状，背面有瘤状突起。花期5月，果期10月。生于海拔800～1600m的阳坡。药用、材用；饲用。

5 桑科 Moraceae

大麻Cannabis stiva L.　　　　大　麻　属

　　一年生直立草本。有特殊气味。叶掌状全裂，裂片3～9，边缘有锯齿，被糙毛。雌雄异株，雄花序圆锥形，雌花序球形或穗形。瘦果两面凸，质硬。花期7—8月，果期9—10月。各地有栽培。重要纤维植物之一；种子可供榨油和入药。

6 荨麻科 Urtiaceae

麻叶荨麻Urtica cannabina L.　　　　荨　麻　属

　　多年生草本。具横走的根状茎。全株被柔毛和螫毛。叶掌状3全裂。雌雄同株，雄花序圆锥状，雌花序穗状；宿存花被片4，近膜质。瘦果表面具褐红色点。花期7—8月，果期8—10月。生于海拔800～2800m的坡地、沙丘坡上、河谷、村舍等处。药用；茎皮纤维可作纺织原料。

狭叶荨麻 *Urtica angustifolia* Fisch ex. Hornem. 荨 麻 属

多年生草本。茎疏生刺毛和稀疏糙毛。单叶对生，长圆状披针形，边缘具粗锯齿。雌雄异株，花序多分枝；雌花较雄花小；花被片4，果期增大。瘦果包于宿存的花被内。花期6—8月，果期8—9月。生于山地林边、沟边。茎皮纤维供纺织用；茎叶可供提取栲胶；全草可入药。

7 檀香科 Santalaceae

百蕊草 *Thesium chinensis* Turcz. 百 蕊 草 属

多年生半寄生草本。叶线形，互生，无柄，全缘，具1条明显的叶脉。花单生于叶腋，花被下部合成钟状，上端5裂；雄蕊着生在花被裂片的内侧，与花被裂片对生。坚果表面具网状皱棱，先端具宿存花被。花期4—5月，果期6—7月。生于海拔1300m以下的草坡及林缘。全草入药。

8 蓼科 Polygonaceae

水蓼 *Persicaria hydropiper* Spach

蓼　属

一年生草本。节部有时膨大。叶披针形或椭圆状披针形，两面有密生腺点；托叶椭圆状，褐色。花序穗状，下垂；花淡绿色或粉红色，花被5深裂，外面密布腺点。瘦果暗褐色，包于宿存花被内。花期5—9月，果期6—10月。生于山沟水边、河边、水田边。全草入药。

酸模叶蓼 *Persicaria lapathifolia* (L.) Delarbre

蓼　属

一年生草本。叶片基部楔形，上面有黑褐色斑块，下面散生腺点；托叶鞘圆筒形。顶生圆锥花序，花淡红色或绿白色，花被常4深裂。瘦果黑褐色，包于宿存花被内。花期6—8月，果期7—9月。生于水沟边、浅水中、水田边、湿草地或荒地。全草入药；幼嫩茎叶可作猪饲料。

高山蓼*Koenigia alpina* (All.) T. M. Schust et Reveal　冰 岛 蓼 属

多年生草本。叶披针形，全缘，边缘有伏毛；托叶鞘膜质，有疏长毛。顶生圆锥花序，苞片膜质，具小尖头，苞内有2～4花；花被白色，5深裂。瘦果三棱形，黄褐色，伸出花被外。花期6—7月，果期7—8月。生于海拔1200m以上的山的阴坡、山沟、林缘。

拳参*Bistorta officinalis* Raf.　拳 参 属

多年生草本。基生叶披针形或窄卵形，基部沿叶柄下延成翅；茎生叶渐小，短柄呈鞘状；托叶鞘棕色，开裂。穗状花序顶生；花白色或粉红色。瘦果椭圆形，具3棱，红褐色，突出于花被外。花期6—7月，果期8—9月。生于海拔800～2800m的高山草甸或林下。根状茎入药。

酸模 *Rumex acetosa* L.

　　多年生草本。基生叶和茎下部叶长圆形至披针形，有柄；茎上部叶小，无柄，抱茎。顶生圆锥花序；花单性异株。瘦果椭圆形，具3锐棱，暗褐色，包于内花被之内。花期5—7月，果期6—8月。生于海拔1400～2700m的山顶草地、林缘和山沟草地。根入药；嫩叶可食；茎叶作为猪饲料。

巴天酸模 *Rumex patientia* L.

　　多年生草本。茎粗壮，有棱槽。基生叶和茎下部叶长圆形，叶柄长而粗；茎上部叶窄小，近无柄；托叶鞘筒状。圆锥花序，花密集，两性；花被片6。瘦果卵形，具3锐棱，褐色，包于宿存的内花被。花期5—6月，果期6—7月。生于海拔20～4000m的水沟边、田边、山沟边或湿地。根入药；根可供制栲胶；嫩茎叶可食。

9 苋科 Amaranthaceae

菊叶香藜 *Dysphania schraderiana* (Roem et Schult.) Mosyakin et Clemants

腺 毛 藜 属

一年生草本。芳香。叶互生，羽状浅裂至深裂，生有节的短柔毛和棕黄色的腺点。复二歧聚伞花序集成塔形圆锥状花序，花两性；花被片5。胞果扁球形，果皮薄，与种子紧贴。花期7—9月，果期9—10月。生于草地、河岸、田边和路旁。可为杀虫剂；又可供药用。

杂配藜 *Chenopodiastrum hybridum* L.

麻 叶 藜 属

一年生草本。叶互生，宽卵形或卵状三角形，叶缘掌状浅裂。圆锥状花序；花两性兼有雌性；花被片5，背部具纵隆脊。胞果双凸镜形。花期7—9月，果期9—10月。生于路边、荒地、山坡、杂草地。全草可入药；种子可供榨油及酿酒；嫩枝叶可作为猪饲料。

反枝苋 *Amaranthus retroflexus* L. 　苋 属

一年生草本。叶菱状卵形或椭圆状卵形，具芒尖；叶基楔形。圆锥花序；花单性，雌雄同株，花被片白色，薄膜状，顶端具凸尖。胞果包裹在花被片内。花期7—8月，果期8—9月。生于海拔1100m以下的地旁、住宅附近。幼茎叶可作野菜。

10 石竹科 Caryophyllaceae

卷耳 *Cerastium arvense* subsp. *strictum* Gaudin 　卷 耳 属

多年生草本。丛生。叶长圆状披针形，中脉明显。顶生二歧聚伞花序；苞片叶状；萼片5，背面密被腺毛；花瓣5，白色，顶端2浅裂。蒴果圆筒状。花期5—6月，果期7—8月。生于海拔1200～2200m的山坡草地、山沟路边。

蔓茎蝇子草 *Silene repens* Patr.

蝇 子 草 属

多年生草本。叶线状披针形，中脉明显。聚伞花序；苞片叶状，狭披针形；萼筒棍棒状，具10条纵脉；花瓣5，白色，顶端2深裂，瓣片与爪间有2小鳞片。蒴果卵状长圆形。花期6—7月，果期7—9月。生于山坡草地、林下、山沟溪边。

山蚂蚱草（旱麦瓶草）*Silene jenisseensis* Willd.

蝇 子 草 属

多年生草本。茎丛生，节部膨大。基生叶簇生，倒披针状线形，茎生叶较小。聚伞花序；花萼具10条纵脉，脉间白色膜质，果时膨大呈筒状钟形；花瓣5，白色或淡绿色，瓣片二叉状中裂，瓣片和爪间具2鳞片。蒴果卵形。花期7—8月，果期8—9月。生于海拔1200m以下的山坡草地、石质山坡上。根入药。

瞿麦*Dianthus superbus* L.

石竹属

多年生草本。叶线状披针形，基部成短鞘围抱茎节。花常集成稀疏聚伞状；萼下苞2～3对；萼淡绿色或带紫色；花瓣5，淡红色，瓣片边缘细裂成流苏状，喉部有须毛。蒴果狭圆筒形。花期6—9月，果期8—10月。生于海拔800～1800m的山坡草地、林缘、疏林下或高山草甸上。全草入药。

石竹*Dianthus chinensis* L.

石竹属

多年生草本。叶线状披针形，基部渐狭成短鞘抱茎节。花1～3朵，单生或成聚伞状花序；萼下苞2对，具细长芒尖；花瓣菱状倒卵形，淡红色、粉红色或白色，先端齿裂，喉部有斑纹。蒴果圆筒形。花期5—9月，果期7—9月。生于海拔1800m以下的向阳山坡草地、丘陵坡地、林缘、灌丛间。全草入药。

11 毛茛科 Ranunculaceae

金莲花 *Trollius chinensis* Bge.

金 莲 花 属

多年生草本。基生叶近五角形，3全裂，裂片又3深裂；茎生叶2～3，与基生叶同形。花单生或2～3朵组成聚伞花序；萼片金黄色。蓇葖果具脉网，喙长1mm；种子具4～5棱角。花期6—7月，果期8—9月。生于海拔1700～2200m的山地草坡或疏林下。全草药用。

兴安升麻 *Acfaea dahurica* Turcz. ex Fisch. et C. A. Mey

升 麻 属

多年生草本。二至三回三出复叶，顶生小叶3深裂。圆锥花序；雌雄异株，雄花序较雌花序长，可达30cm；萼片5，花瓣状，白色；退化雄蕊叉状2深裂。果实倒卵状椭圆形。花期7—9月，果期8—10月。生于海拔1800～2200m的阴坡林下。根茎药用。

华北耧斗菜 *Aquilegia yabeana* Kitag.

　　多年生草本。基生叶一至二回三出复叶；茎生叶三出复叶或单叶 3 裂。聚伞花序；花瓣紫色，距较细，钩状弯曲。蓇葖果。花期 5—6 月，果期 7—8 月。生于海拔 1400～1600m 的山坡、林边、山沟石缝间。种子含脂肪油；栽培供观赏。

瓣蕊唐松草 *Thalictrum petaloideum* L.

　　多年生草本。叶三至四回三出羽状复叶，小叶肾状圆形至倒卵形；基生叶有长柄，茎生叶近无柄，柄基部加宽成鞘状。伞房状聚伞花序；萼片 4，白色，无花瓣。瘦果卵状椭圆形。花期 6—7 月，果期 8 月。生于海拔 300～2900m 的山地草坡向阳处。根药用。

展枝唐松草 *Thalictrum squarrosum* Steph.

唐 松 草 属

多年生草本。二至三回羽状复叶，叶轴与小叶间关节显著，小叶顶端3裂，中央裂片又3齿裂；总叶柄基部加宽，呈膜质鞘状。圆锥花序聚伞状；萼片4，淡黄绿色。瘦果。花期7—8月，果期8—9月。生于干燥的砾质山坡、沙丘、森林草原。种子含油。

东亚唐松草 *Thalictrum minus* var. *hypoleucum* (Sieb. et Zucc.) Miq.

唐 松 草 属

多年生草本。二至三回复叶，小叶先端3浅裂，裂片顶端有短尖头。圆锥花序，花黄色；萼片4；雄蕊多数，花药线形。瘦果纺锤形，略弯曲。花期7—8月，果期9月。生于海拔900～1600m的山坡、路旁、林下。

高乌头 *Aconitum sinomontanum* Nakai.

多年生草本。基生叶1，茎生叶4～6，叶片近肾状圆形，先端3深裂，中裂片再3中裂。总状花序顶生；花紫色，先端圆筒形，下部阔并有短喙。花期6—9月，果期9月。生于海拔1000～3700m的山地草坡、林下、溪旁。根药用。

翠雀 *Delphinium grandiflorum* L.

多年生草本。叶片圆五角形，3全裂，裂片线形；基生叶及茎下部叶有长柄。总状花序，小苞片线形；花深蓝色，萼片5，距较萼片长，钻形；蜜叶2。种子四面体形，具膜质翅。花期5—10月。生于海拔500～2800m的山地草坡或山谷草地。全草药用。

小花草玉梅*Anemone rivularis* var. *flore-minore* Maxim 银莲花属

多年生草本。叶片肾状五角形，三回3裂。花莛粗壮；苞片3，3深裂，裂片2或3裂。聚伞花序，二至三回分枝；花白色；萼片5（～6）。瘦果，花柱弯曲宿存。花期6—8月。生于海拔1200～3000m的山地林缘或草地。根或全草药用。

长毛银莲花*Anemone narcissiflora* subsp. *crinita* (Juz.) Kitag 银莲花属

多年生草本。叶片心状宽卵形，3裂，裂片又二至三回羽状细裂，叶两面疏生长毛。叶柄与花莛密生开展的白色长毛。伞形花序状或花单生；花白色。花期5—6月，果期7—9月。生于海拔2300～3000m的草甸、林缘草地、山坡、山顶石砾处。

棉团铁线莲 *Clematis hexapetala* Pall.

铁 线 莲 属

　　多年生草本。茎基部有枯叶裂成纤维状。叶一至二回羽状全裂，近革质，裂片披针形。顶生聚伞花序；苞叶线形；花白色；萼片密生白色绵毡毛。瘦果具污白色羽毛。花期6—8月，果期7—9月。生于海拔900～1100m的山坡、田边、林缘或林间草地。根药用；作农药。

芹叶铁线莲 *Clematis aethusifolia* Turcz.

铁 线 莲 属

　　藤本。叶对生，二至三回羽状复叶，羽片有1～3对小羽片，小羽片羽状全裂，裂片线形。聚伞花序有1～3花；花钟形，淡黄色；萼片4。瘦果倒卵形。花期7—8月，果期9—10月。生于海拔300～3000m的路旁、沟谷或山坡灌丛中。全草入药。

黄花铁线莲 *Clematis intricata* Bge.

铁 线 莲 属

本质藤本。一至二回羽状三出复叶，小叶2～3全裂，裂片线形。花单生或成聚伞花序；中间花无苞叶，侧生花梗下部有1对苞叶；花黄色；萼片4。瘦果椭圆形。花期6—7月。生于海拔1600～2600m的山坡、路旁、荒野。全草入药。

短尾铁线莲 *Clematis brevicaudata* DC.

铁 线 莲 属

木质藤本。三出或羽状复叶，小叶卵形至披针形，边缘疏生粗锯齿。圆锥状聚伞花序，花白色或淡黄色；萼片4；无花瓣。瘦果卵形。花期7—9月，果期9—10月。生于海拔460～3200m的山地灌丛间、林缘或平原路旁。

12 芍药科 Panunculaceae

草芍药 *Paeonia obovata* Maxim.

芍 药 属

多年生草本。茎基部有鳞片。二回三出复叶，顶生小叶较侧生小叶大。花单生，紫色或白色；萼片3～5；花瓣5～6。果长圆形；种子蓝黑色，近球形。花期5—6月，果期9—10月。生于海拔800～2600m的阳坡、林缘或草坡。根药用。

13 小檗科 Berberidaceae

细叶小檗 *Berberis poiretii* Schneid.

小 檗 属

落叶灌木。一年生枝紫红色，具棱。刺单一，有时无或3分叉。叶倒披针形，基部渐窄成短柄。总状花序，下垂；苞片钻状。浆果红色。花期5—6月，果期7—9月。生于海拔600～2300m的地埂、山坡、沟边、林内、灌丛间。根皮供药用。

14 五味子科 Schisandraceae

五味子 *Schisandra chinensis* (Turcz.) Baill.

五味子属

　　落叶木质藤本。单叶互生，叶倒卵形、宽卵形或椭圆形，边缘有细齿。雌雄异株，花被片6～9，乳白色或粉红色。穗状聚合果，浆果肉质，紫红色；种子肾形。花期5—7月，果期7—10月。生于海拔1200～1700m的山地灌丛、阴坡林下。果实入药；种子、茎叶可供提炼芳香油。

15 罂粟科 Papaveraceae

白屈菜 *Chelidonium majus* L.

白屈菜属

　　多年生草本。全草含棕黄色液汁。叶互生，羽状全裂，裂片2～4对，顶裂片常3裂；叶表面绿色，背面有白粉。伞形花序含花3～7；萼片2；花瓣4，亮黄色。蒴果。花果期4—9月。生于海拔500～2200m的山野、沟边湿润处。全草药用。

野罂粟 *Oreomecon nudicaulis* (L.) Banfi, Bartolucli J-M. Tison et Galasso

高 山 罂 粟 属

　　多年生草本。具乳汁。叶基生，叶片卵形，羽状全裂，裂片2～4对。花单独顶生；萼片2，早落；花瓣4，鲜黄色。蒴果狭倒卵形，密被粗而长的刚毛。花期5—9月。生于海拔2200m的高山草甸。

16 十字花科 Cruciferae

独行菜 *Lepidium apetalum* Willd.

独 行 菜 属

　　一年或二年生草本。基生叶窄匙形，羽状浅裂；茎生叶线形。总状花序在果期延长；花无瓣或退化成丝状，比萼片短。短角果宽椭圆形，扁平。花期4—8月，果期5—9月。生于山坡、山沟、路旁及村旁附近。嫩叶食用；全草及种子可药用；种子也可供榨油。

紫花碎米荠 *Cardamine tangutorum* O. E. Schulz 碎米荠属

　　多年生草本。基生叶具长柄，单数羽状复叶，小叶3～5对；茎生叶长圆状披针形。总状花序伞房状；花红紫色；萼片基部囊状；花瓣具爪。长角果线形。花期5～8月。生于海拔2100～4400m的沟谷、山坡、林下。全草药用。

垂果南芥 *Catolobus pendulus* (L.) Al-Shehbaz 垂果南芥属

　　二年生草本。茎基部木质化。下部茎生叶长圆状卵形，基部窄耳状抱茎；上部茎生叶窄椭圆形或披针形，无柄。总状花序顶生或腋生；花白色；花瓣倒披针形。长角果线形，扁平。花期6—9月，果期7—10月。生于林缘、灌丛、河岸及路旁杂草地。

豆瓣菜 *Nasturtium officinale* R. Br.　豆瓣菜属

　　多年生草本。具根状茎。茎匍匐，节生根，多分枝。叶为奇数大头羽状复叶，小叶1～4对。总状花序顶生；花白色；花瓣有长爪。长角果长圆形。花期4—5月，果期6—7月。生于海拔850～3700m的潮湿地、浅水中。全草入药；种子油供工业用。

线叶花旗杆 *Dontostenon integrifolius* (L.) Lédeb.　花旗杆属

　　一、二年或多年生草本。具单毛或腺毛。叶线形，基部渐狭，全缘。总状花序顶生；花浅紫色或白色；直径约3mm；花瓣有爪。长角果线形，果梗长4～5mm。花果期7—10月。生于海拔250～1300m的阴坡草地。

毛萼香芥 *Clausia tirchosepala* (Turcz.) F. Dvorak

香 芥 属

一年或二年生草本。茎直立，具疏生硬单毛。基生叶在花期枯萎；茎生叶长圆状椭圆形或窄卵形，边缘有不等尖锯齿。花紫色；花瓣倒卵形，具长爪。长角果窄线形。花果期5—8月。生于海拔1400m左右的沟谷、潮湿地、山坡。

糖芥 *Erysimum amurense* Kitag.

糖 芥 属

一年或二年生草本。密生贴生二歧分叉毛。茎具棱角。基生叶及下部叶披针形；上部叶有短柄，基部近抱茎。总状花序；花橘黄色；花瓣有细脉纹，具长爪。长角果线形。果期6—9月。生于海拔1700m以下的阳坡、草地、疏林地。全草药用。

17 景天科 Crassulaceae

华北八宝 *Sedum tatarinowii* Maxim.

八 宝 属

多年生草本。茎多数丛生，不分枝。叶互生，线状披针形至倒披针形，无柄。伞房状聚伞花序顶生，紧密多花；花瓣浅红色，卵状披针形。花期7—8月，果期9月。生于海拔1400m以下的沟谷、山地岩石缝中。

费菜 *Phedimus aizoon* (L.)'t Hart

费 菜 属

多年生草本。全草肉质肥厚。叶椭圆状披针形至长圆状披针形，边缘有锯齿，几无柄。聚伞花序，花序无苞片；多花密生，黄色。花期6—7月，果期8—9月。生于海拔1400m以下的山坡、山沟、草丛中。全草药用。

钝叶瓦松 *Orostachys malacophyllus* (Pall.) Fisch.　八 宝 属

　　二年生草本。莲座状叶长椭圆形或卵形，叶上密布暗赤色斑点。花茎高达30cm；花序肥厚密集，花黄色或黄白色；苞片具暗赤色斑点；萼片具紫色斑点；花瓣5～6。果卵形。花期7月，果期8—9月。生于海拔1800m以下的山地岩石缝中。

18 虎耳草科 Saxifragaceae

落新妇（红升麻）*Astilbe chinensis* (Maxim.) Franch et Sav.　落 新 妇 属

　　多年生草本。茎散生棕褐色长毛。基生叶二至三回三出羽状复叶；茎生叶2～3。圆锥花序，总花梗密被棕色卷曲长柔毛；花密集；花瓣5，红紫色。蒴果2，含多数种子。花期6—7月，果期9月。生于海拔390～3600m的山坡、杂木林下、山谷湿地或流水沟边。

19 梅花草科 Parnassiaceae

梅花草 *Parnassia palustris* L.　　　　　　　　　梅　花　草　属

　　多年生草本。基生叶丛生，具长柄，叶片卵形或心形；花茎中部具一无柄叶片，基部抱茎。花单生于花茎顶端，白色或淡黄色，直径1.5～2.5cm；外形似梅花；花瓣5，平展，宽卵形。蒴果，上部4裂。花果期7—9月，果期10月。生于海拔1000～1700m的林下湿地或高山草坡上。

东陵绣球（东陵八仙花）*Hydragea bretschneideri* Dipp.　　绣　球　属

　　灌木。二年生枝栗褐色，呈长片状剥落。叶对生，长卵形、椭圆状卵形或长椭圆形。伞房花序顶生，有大型萼片4，白色、淡紫色或淡黄色，花瓣状；两性花淡白色。蒴果近卵形。花期6—7月，果期8—9月。生于海拔1200～2800m的山坡或林缘。观赏树木。

20 蔷薇科 Rosaceae

三裂绣线菊 *Spiraea trilobata* L.

绣 线 菊 属

灌木。小枝稍呈"之"字形弯曲，幼时褐黄色，老时暗灰色。叶片近圆形，先端3裂，下面灰绿色。伞形花序具多朵花；花瓣白色，宽倒卵形。果沿腹缝被短柔毛，萼片直立。花期5—6月，果期7—8月。生于向阳山坡或灌丛中。

土庄绣线菊（柔毛绣线菊）*Spiraea pubescens* Turcz.

绣 线 菊 属

灌木。小枝褐黄色，老枝灰褐色。叶片边缘自中部以上具深刻锯齿。伞形花序；萼片直立，萼裂片卵状三角形；花瓣白色。果开张，花柱顶生。花期5—6月，果期7—8月。生于干燥岩石坡地杂木林内。

华北珍珠梅（珍珠梅）*Sorbaria kirilowii* (Regel) Maxim.

珍 珠 梅 属

灌木。奇数羽状复叶，小叶13～21，无柄，披针形，边缘具尖锐重锯齿；托叶线状披针形。大型圆锥花序；苞片线状披针形，边缘有腺毛；萼片半圆形，宿存，反折；花白色。果长圆柱形。花期6—7月，果期9—10月。生于山坡阳处或杂木林中。观赏植物。

水枸子*Cotoneaster multiflorus* Bge.

枸 子 属

落叶灌木。枝条常呈弓形弯曲，棕褐色。叶片卵形，基部宽楔形或圆形；托叶线形。花5～21朵组成疏松的聚伞花序；萼筒钟状；花瓣白色。果实近球形。花期5—6月，果期8—9月。生于沟谷、山坡杂木林中。观赏植物。

山楂 *Crataegus pinnatifida* Bge.

山楂属

　　乔木。小枝紫褐色，老枝灰褐色，有刺。叶片三角状卵形，有3～5对羽状深裂片，边缘具不规则的重锯齿。伞房花序；萼筒钟状；花瓣白色。果实深红色，有浅色斑点。花期5—6月，果期9—10月。山坡上野生或栽培。果实食用；干后可入药；幼苗可作砧木。

花楸树 *Sorbus pohuashanehsis* (Hance) Hedl.

花楸属

　　乔木。小枝灰褐色。奇数羽状复叶，小叶5～7对，卵状披针形；托叶有粗大的锯齿。复伞房花序；萼筒钟状；花瓣白色。果实红色或橘红色，具有宿存的闭合萼片。花期6月，果期9—10月。生于山坡和山谷的杂木林中。庭园观赏植物。

山刺玫（刺玫蔷薇）*Rosa davurica* Pall.

　　落叶直立灌木。小枝及叶柄基部常有成对微弯皮刺，刺基部膨大，并密生刺毛。奇数羽状复叶，小叶7～9；托叶与叶柄连生。花单生或数朵聚生；花瓣粉红色。蔷薇果球形或卵形。花期6—7月，果期8—9月。生于山坡灌丛、草丛、杂木林中。果实酿酒；种子榨油；根、茎皮及叶可供提取栲胶；花、果、根入药。

龙牙草*Agrimonia pilosa* Ledeb.

　　多年生草本。奇数羽状复叶；小叶3～5对，无柄，每侧各有粗齿5～11。总状花序顶生；萼筒上有一圈钩状刺毛；花瓣黄色。瘦果包于宿存萼筒内。果期5—12月。生于海拔1300～1800m的山坡、山谷、草丛、水边、路边、阴湿地。全草入药。

地榆 *Sanguisorba officinalis* L.

多年生草本。奇数羽状复叶，小叶2～5对，长椭圆形，边缘有尖锯齿。穗状花序顶生；萼片4，暗紫红色，花瓣状。瘦果褐色，包于宿萼内。花期6—7月，果期8—9月。生于海拔30～3000m的山坡、山沟、草丛、灌丛、林缘、河谷滩。全草可作农药。

蚊子草 *Filipendula palmata* (Pall.) Maxim.

多年生草本。奇数羽状复叶，基生叶与茎下部叶有长柄，小叶5，掌状深裂；上部茎生叶柄短，有小叶1～3，掌状深裂。圆锥花序顶生；花瓣5，白色。瘦果镰刀形。花期6—7月，果期7—9月。生于林缘阴处、沟边、山坡草丛、水草甸子沟边。全株含单宁，可供提取栲胶。

牛叠肚 *Rubus crataegifolius* Bge.

悬 钩 子 属

落叶灌木。小枝红褐色，有棱，皮刺钩状。单叶互生，宽卵形至近圆形，3～5掌状浅裂或中裂。2～6朵花聚生于枝顶成短伞房花序；花瓣白色。聚合果红色。花期5—6月，果期7—9月。生于海拔300～2500m的山坡、山谷、林缘、灌丛、水边。果实和根入药。

库页悬钩子 *Rubus sachalinensis* Levl.

悬 钩 子 属

落叶灌木。枝黄色或暗红色，密生腺毛和直生皮刺。奇数羽状复叶，小叶3～5，叶柄有毛和刺；小叶上面绿色，下面密生白色或灰色绒毛。花5～10朵成伞房花序；花瓣白色。聚合果红色。花期6—7月，果期8—9月。生于山坡、山顶、路边、草丛、灌丛、河边、潮湿地。果甜，可食，可制果酱；茎、叶可供提取栲胶。

蛇莓 *Duchesnea indica* (Andr.) Focke.

蛇 莓 属

多年生草本。有长匍匐茎，全体被白色绢毛。三出复叶；小叶卵圆形，边缘有钝圆锯齿。花单生；花瓣5，黄色。瘦果扁圆形，聚合果暗红色。花期6—8月，果期8—10月。生于山坡阴湿处、水边、田边、沟边、草丛和林中。全草入药，能清热解毒、化痰镇痛。

菊叶委陵菜 *Potentilla tanacetifolia* Wolld. ex Schlecht

委 陵 菜 属

多年生草本。根状茎木质化。茎、叶柄和花序轴均密生柔毛。奇数羽状复叶；基生叶小叶7～15；茎生叶小叶3～9。顶生伞房状聚伞花序；花瓣黄色。瘦果褐色。果期5～10月。生于山坡、水沟边、林缘草地、平原草丛。全草入药。

腺毛委陵菜 *Potentilla longifolia* Willd. ex Schlecht.

委　陵　菜　属

多年生草本。全株有长柔毛和弯曲黏腺毛。奇数羽状复叶；基生叶有小叶9～11；茎生叶有小叶3～7。顶生伞房状聚伞花序，多花；花瓣黄色。瘦果卵形。花果期7—9月。生于海拔300～3200m的山坡、荒地。

杏 *Prunus armeniaca* L.

李　属

落叶乔木。小枝褐色或红紫色。叶片卵圆形，先端尾尖，边缘钝锯齿；叶柄近顶端处有2腺体。花单生，先于叶开放；萼筒圆筒形，紫红绿色；花瓣白色或浅粉红色。核果球形，黄白色至黄红色，常具红晕。花期3—4月，果期6—7月。各地普遍栽培。花可观赏；果可食用。

21 豆科 Leguminosae

天蓝苜蓿 *Medicago lupulina* L.　苜蓿属

一、二年生或多年生草本。三出羽状复叶；叶缘上部有锯齿。总状花序，腋生，花10~20，密集成头状；花冠黄色，稍长于花萼；花柱弯曲，稍成钩状。荚果肾形。花期7—9月，果期8—10月。生于海拔1700m左右的田边、路旁、林缘草地。可作牧草及绿肥；全草药用。

黄香草木樨 *Melilotus officinalis* (L.) Pall.　草木樨属

两年生草本，有香气。茎直立。三出羽状复叶，边缘具疏齿。总状花序腋生；花萼钟状，萼齿三角形；花冠黄色，旗瓣与翼瓣近等长。荚果椭圆形，网脉明显。花期5—9月，果期6—10月。生于海拔1300m以下的路边宅旁、山坡荒地。优良的牧草和饲料；也可作绿肥及蜜源植物。

斜茎黄芪*Astragalus laxmannii* Jacq.

黄 芪 属

多年生草本。茎被白色"丁"字毛。奇数羽状复叶，小叶9～25。总状花序腋生；花蓝紫色或紫红色；旗瓣无爪。荚果圆筒形，被黑色"丁"字毛。花期6—8月，果期8—10月。生于海拔2000～2500m的山坡、草地、沟边。可作牧草及绿肥；亦有固沙、保土作用。

草木樨状黄芪*Astragalus melilotoides* Pall.

黄 芪 属

多年生草本。奇数羽状复叶，小叶5～7，两面被白色短柔毛。总状花序腋生，花冠粉红色或白色；翼瓣顶端成不均等的2裂。荚果近圆形，具短喙。花期7—8月。生于海拔1600m以下的山坡、草地、沟旁。为优良牧草及固沙保土植物。

草珠黄芪（毛细柄黄耆）*Astragalus capillipes* Fisch. ex Bge. 黄 芪 属

　　多年生草本。奇数羽状复叶；小叶5～9，先端有细尖。总状花序腋生，比叶长；花冠白色或带粉红色，疏松；旗瓣具短爪，翼瓣和旗瓣近等长，龙骨瓣较短。荚果近球形。花期7—9月，果期9—10月。生于山坡草地。

达乌里黄芪（兴安黄耆）*Astragalus dahuricus* (Pall.) DC. 黄 芪 属

　　一年或二年生草本。全株有长柔毛。奇数羽状复叶；小叶11～19（23），两面有白色长柔毛；总状花序腋生，花多而密。荚果圆筒状，先端有硬尖。花期7—9月，果期8—10月。生于海拔400～2500m的向阳山坡、河岸沙地及草地、草甸上。可作牧草。

蓝花棘豆 *Oxytropis caerulea* (Pall.) DC.

棘 豆 属

多年生草本。茎极短缩，常分枝形成密丛。奇数羽状复叶；小叶25～41，对生。花多数，排成延长的总状花序；花蓝紫色或紫红色；旗瓣有短爪，龙骨瓣顶端具喙。荚果长圆状卵形，膨胀。花期6—7月，果期7—8月。生于海拔1200～1600m的山坡、路旁、草地。

胡枝子 *Lespedeza bicolor* Turcz.

胡 枝 子 属

直立灌木。嫩枝黄褐色，老枝灰褐色。小叶3，互生，顶生小叶较大。总状花序腋生；花萼杯状，紫褐色；花冠紫色。荚果斜倒卵形。花期6—8月，果期9—10月。生于海拔1800m左右的山坡灌丛中。叶可作绿肥；根、茎可入药；枝条可用于编筐；花供观赏。

兴安胡枝子 *Lespedeza davurica* (Laxm.) Schindl.　胡 枝 子 属

　　草本状灌木。三出羽状复叶，托叶 2，刺芒状；小叶先端有短刺尖，全缘。总状花序腋生；萼片先端刺芒状，几与花冠等长；花冠黄白色至黄色。荚果倒卵形，包于宿存萼内。花期7—8月，果期9—10月。生于荒山、荒地、草原。饲用植物；全株入药。

歪头菜 *Vicia unijuga* A. Br.　野 豌 豆 属

　　多年生草本。常数茎丛生，茎具细棱。小叶2；托叶半箭头形，卷须针状。总状花序腋生，比叶长；萼斜钟状，萼齿5；花冠蓝色、蓝紫色或紫红色。荚果窄长圆形，扁平。花期6—7月，果期8—9月。生于海拔1800m以下的林缘、林间或山沟草地。可作牧草；全草药用。

大叶野豌豆 *Vicia pseudo-orobus* Fisch. et Mey.

野 豌 豆 属

　　多年生草本。茎攀缘，有棱。羽状复叶；叶轴末端有卷须；小叶2～10；托叶半边箭头形，边缘具锯齿。总状花序腋生，花多数；萼斜钟状，萼齿5；花冠紫色或蓝紫色。荚果长圆形，稍扁。花期7—9月，果期8—10月。生于海拔1500m左右的山坡灌丛、林缘或疏林间。可作牧草；全草入药。

野大豆 *Glycine soja* Sieb. et Zucc.

大 豆 属

　　一年生草本。茎纤细，缠绕。三出羽状复叶，小叶卵状披针形，全缘，两面有毛。总状花序腋生，花小，淡紫色。荚果线状长圆形或镰刀形。花期6—7月，果期8—9月。生于海拔1000～1400m的沟谷边、河岸、沼泽地、湿草地及灌木丛中。茎叶可作牲畜饲草；种子、根、茎和荚果入药。

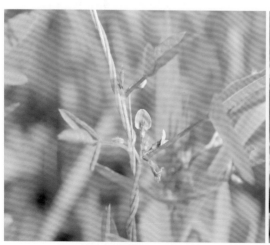 

22 牻牛儿苗科 Geraniaceae

鼠掌老鹳草 *Geranium sibiricum* L. 老鹳草属

多年生草本。茎仰卧，多分枝。叶对生；掌状5深裂，两面被疏伏毛；托叶披针形。总花梗单生于叶腋，长于叶；苞片对生；萼片卵状披针形；花瓣倒卵形，淡紫色或白色。蒴果。花期6—7月，果期8—9月。生于海拔1200～1400m的林缘、灌丛、河谷草甸。

23 亚麻科 Linaceae

野亚麻 *Linum stelleroides* Planch. 亚麻属

一年生或二年生草本。叶互生，线状披针形或狭倒披针形，全缘。聚伞花序；萼片5，绿色，宿存；花瓣5，淡红色、淡紫色或蓝紫色；子房有5棱；花柱5枚，蒴果。花期6—8月，果期7—9月。生于海拔1300～2750m的山坡、路旁和荒地。茎皮纤维为纺织和造纸原料；全草入药。

24 芸香科 Rutaceae

黄檗 *Phellodendron amurense* Rupr.

黄 檗 属

　　落叶乔木。枝扩展，小枝暗紫红色，无毛。叶为奇数羽状复叶对生，有小叶5～13，薄纸质或纸质，卵状披针形或卵形，先端渐尖，基部宽楔形或圆，具细钝齿及缘毛；上面无毛或中脉疏被短毛，下面基部中脉两侧密被长柔毛，后脱落。花为萼片宽卵形，花瓣黄绿色。果圆球形、通常具浅纵沟。花期5—6月，果期9—10月。生于山谷间土质肥沃、湿润的环境中。树皮可入蒙药及中药。

25 苦木科 Simarubaceae

臭椿 *Ailanthus altissima* (Mill.) Swingle.

臭 椿 属

　　落叶乔木。奇数羽状复叶，小叶13～27，纸质，两侧各具1～3个粗锯齿，齿背有腺体1个，叶揉碎后具臭味。圆锥花序，花淡绿色；萼片5，覆瓦状排列；花瓣5；柱头5裂。翅果。花期4—5月，果期8—10月。生于海拔1300m以下的山坡或种植于居民点附近。树皮、根皮、果实均可入药。

26 叶下珠科 Phyllanthaceae

雀儿舌头 *Leptopus chinensis* (Bge.) Pojark.

雀 舌 木 属

灌木。茎上部和小枝条具棱。叶片膜质至薄纸质,卵形、近圆形、椭圆形或披针形,侧脉每边4~6条。雌雄同株,花单生或2~4朵簇生于叶腋;萼片、花瓣5枚。蒴果扁球形,基部有宿存的萼片。花期2—8月,果期6—10月。生于海拔1200m左右的山地灌丛、林缘、路旁、岩崖或石缝中。

27 大戟科 Euphorbiaceae

铁苋菜 *Acalypha australis* L.

铁 苋 菜 属

一年生草本。叶膜质;基出脉3条,侧脉3对。雌雄花同序,花序腋生;雄花生于花序上部,穗状或头状;雌花苞片1~2枚,苞腋具雌花1~3朵。蒴果具3个分果爿;种子近卵状,假种阜细长。果期4~12月。生于海拔1200m左右的山坡、沟边、路旁、田野。全草入药。

28 卫矛科 Celastraceae

卫矛 *Euonymus alatus* (Thunb.) Sieb.　　　　　卫 矛 属

　　灌木。小枝常具2～4列宽阔木栓翅。叶卵状椭圆形，边缘具细锯齿。聚伞花序1～3花，花白绿色，4数；萼片半圆形；花瓣近圆形。蒴果1～4深裂，裂瓣椭圆形；种子椭圆形，种皮褐色或浅棕色，假种皮橙红色。花期5—6月，果期7—10月。生于山坡、沟地边沿。

29 凤仙花科 Balsaminaceae

水金凤 *Impatiens noli-tangere* L.　　　　　凤 仙 花 属

　　一年生草本。茎肉质。叶卵形或卵状椭圆形，互生，边缘有粗圆齿状齿。总状花序，苞片草质，披针形；花黄色；侧生萼片卵形，旗瓣圆形或近圆形，翼瓣无柄，唇瓣宽漏斗状。蒴果线状圆柱形。花期7—9月，果期9—10月。生于海拔900～2400m的水沟边、林缘草地或阴湿之处。

30 鼠李科 Rhamnaceae

乌苏里鼠李 *Rhamnus ussuriensis* J. Vass.

鼠 李 属

灌木。小枝灰褐色，腋芽和顶芽卵形。叶纸质，近对生，狭椭圆形或狭矩圆形；托叶披针形。花单性，雌雄异株；雌花数个至20余个簇生；萼片卵状披针形。核果倒卵状球形，黑色；种子卵圆形，黑褐色。花期4—6月，果期6—10月。生于河边、林下或山坡灌丛。药用。

31 葡萄科 Vitaceae

山葡萄 *Vitis amurensis* Rupr.

葡 萄 属

木质藤本。卷须2～3叉分枝；叶阔卵圆形，基生五出脉，中脉有侧脉5～6对；托叶膜质，褐色，全缘。圆锥花序，与叶对生；花瓣5。种子倒卵圆形。花期5—6月，果期7—9月。生于海拔800～1600m的山坡、沟谷林中或灌丛。果可鲜食和用于酿酒。

32 锦葵科 Malvaceae

蒙椴 Tilia mongolica Maxim
椴 属

　　小乔木。叶圆形或卵圆形，中上部3浅裂，边缘具不整齐的粗锯齿，齿端具刺芒。聚伞花序下垂，苞片窄长圆形，长2～5cm，有柄。果实卵圆形，有明显的5棱，外有绒毛。花期7月，果期8—9月。生于向阳山坡。药用；食用。

紫椴 Tilia amurensis Rupr.
椴 属

　　落叶大乔木。嫩枝初时有白丝毛。叶阔卵形或卵圆形，长4.5～6cm，宽4～5.5cm，先端急尖或渐尖。聚伞花序长3～5cm，纤细，无毛，有花3～20朵；花柄长7～10mm；苞片狭带形；花瓣长6～7mm。果实卵圆形，长5～8mm，被星状柔毛，有棱或有不明显的棱。花期7月。生于海拔500～1200m的杂木林或者是混交林。制作家具与木制雕刻工艺品的上等材质；花可入药；优质行道树和绿化树种。

33 猕猴桃科 *Actinidiaceae*

软枣猕猴桃 *Actinidia argula* (Sieb.et Zucc.) Planch. ex Miq.

猕猴桃属

大型落叶藤本。小枝基本无毛或幼嫩时星散地薄被柔软绒毛或茸毛。叶膜质或纸质，卵形、长圆形、阔卵形至近圆形，顶端急短尖，基部圆形至浅心形，背面绿色。花序腋生或腋外生，苞片线形，花绿白色或黄绿色，芳香；萼片卵圆形至长圆形，花瓣楔状倒卵形或瓢状倒阔卵形；花丝丝状，花药黑色或暗紫色，长圆形箭头状。果圆球形至柱状长圆形，长2～3cm，成熟时绿黄色或紫红色。生于混交林或水分充足的杂木林中。果药用，食用；既可作为观赏树种，又可作为果树。

野西瓜苗 *Hibiscus trionum* L.

木槿属

一年生草本。下部叶近圆形，中上部叶掌状，3～5深裂。花单生于叶腋，小苞片多数；花萼膜质，5裂，具绿色纵脉；花瓣5，淡黄色，紫心；花柱顶端5裂。蒴果圆球形，有长毛。花期7—8月，果期9—10月。生于海拔1300m以下的田埂、荒地、山坡、路旁。全草入药。

34 金丝桃科 Hypericaceae

黄海棠 *Hypericum ascyron* L.

金 丝 桃 属

多年生草本。茎及枝条具4棱。叶全缘，无柄，坚纸质。伞房状至狭圆锥状花序，具多数花；萼片全缘，果时直立；花瓣金黄色，弯曲，常具腺斑；花药金黄色，具松脂状腺点。蒴果棕褐色。花期7月，果期9月。生于海拔900～2800m的阴坡林间空地、林缘、灌丛间、草丛、溪旁及河岸湿地等处。

35 堇菜科 Violaceae

鸡腿堇菜 *Viola acuminata* Ledeb.

堇 菜 属

多年生草本。通常无基生叶。叶缘具钝锯齿及短缘毛，两面密生褐色腺点；托叶草质，叶状，羽状深裂呈流苏状，两面有褐色腺点。花淡紫色或近白色，具长梗；萼片具3脉；花瓣有褐色腺点；距呈囊状。蒴果椭圆形。花果期6—7月。生于海拔1400～1800m的阴坡、林下、河谷湿地。

球果堇菜 *Viola collina* Bess.

多年生草本。根状茎粗而肥厚，具结节。叶呈莲座状；叶片宽卵形或近圆形；叶柄具狭翅；托叶膜质。花淡紫色，具长梗；萼片具缘毛和腺体；花瓣基部微带白色，花距白色。蒴果球形，密被白色柔毛，成熟时果梗向下方弯曲。花果期5—8月。生于海拔1400～1800m的灌丛、林下、路边石缝、山坡草甸。

36 瑞香科 Thymelaaceae

草瑞香 *Diarthron linifolium* Turcz.

一年生草本。叶互生，全缘，近无柄，条状披针形。顶生穗状花序，花梗极短，花被筒状，下端绿色，上端暗红色，顶4裂，裂片卵状椭圆形。果实黑色，有光泽。花期5—7月，果期6—8月。生于海拔1200～1500m的干旱山坡和草地。

37 胡颓子科 Elaeagnaceae

沙棘 *Hippophae rhamoides* L.

沙　棘　属

　　落叶灌木或乔木。棘刺较多。嫩枝褐绿色，老枝灰黑色，密被银白色而带褐色鳞片；芽金黄色或锈色。单叶近对生，纸质，狭披针形，上面绿色，下面银白色，被鳞片。果实橙黄色或橘红色；种子小，黑色，具光泽。生于海拔800～1400m的向阳山坡、谷地、干涸河床、沙质土壤或黄土上。

38 柳叶菜科 Onagraceae

露珠草 *Circaea cordata* Royle

露　珠　草　属

　　多年生草本。茎光滑，节间基部略膨大。叶对生，狭卵形或卵状披针形，先端渐尖，基部近圆形。总状花序；花梗细；萼筒紫红色，疏生腺毛，花期向下反折；花瓣粉红色，先端2深裂。果实倒卵状球形，具4纵沟，密被钩状毛。花期6—8月，果期7—9月。生于海拔3500m左右的沟谷、阴湿处。药用。

柳兰 *Chamerion angustifolium* (L.) Holub 柳 兰 属

多年生草本。根状茎木质化，表皮撕裂状脱落。叶披针状长圆形至倒卵形，螺旋状互生，无柄。总状花序呈密集的长穗状；花萼4裂，裂片条状披针形；花瓣4，紫红色或淡红色，倒卵形，基部具爪。蒴果圆柱形，密被白色柔毛；种子顶端具1簇白色种缨。花果期6～10月。生于海拔1600～2000m的山坡林缘、林下及河谷湿草地。

毛脉柳叶菜 *Epilobium amurense* Hausskn. 柳 叶 菜 属

多年生草本。茎具2条细棱，棱上密生曲柔毛。叶卵状披针形，边缘具不明显的细齿。花单生于叶腋，粉红色；花萼疏生腺毛。蒴果；种子具小乳突，顶端有一簇污白色种缨。花期6—8月，果期（6—）8—10（—12）月。生于海拔1500m左右的林缘、沟谷、溪流旁湿地。

39 五加科 Araliaceae

刺五加 *Eleutherococcus senticosus* (Rupr. et Maxim) Harms. 五加属

落叶灌木。茎密生细长倒刺。掌状复叶互生，小叶5，稀3，边缘具尖锐重锯齿；叶纸质，椭圆状倒卵形或长圆形，侧脉6～7对，脉上有粗毛。伞形花序顶生或2～6个组成稀疏的圆锥花序；花紫黄色，花瓣5；花萼具5齿。浆果状核果近球形，具5棱。花期6—7月，果期8—10月。生于海拔600～2000m的阴坡林间空地、灌丛。

40 伞形科 Umbelliferae

迷果芹 *Sphallerocarpus gracilis* (Bess.) K.-Pol. 迷果芹属

多年生草本。叶轮廓三角状卵形，二至三回羽状全裂，终裂片线状披针形；叶鞘抱茎。复伞形花序，伞辐6～10；每辐具花12～20朵；萼齿细小；花瓣白色，倒心形，先端具内卷的小舌片。双悬果两侧压扁，背部有5条突起的棱。花果期7—10月。生于海拔580～2800m的山坡路旁、村庄附近和荒草地上沟谷边及林间草地。

北柴胡 *Buoleurum chinense* DC. 柴 胡 属

多年生草本。茎具细纵棱，上部多回分枝，微呈"之"字形曲折。叶倒披针形或狭椭圆形，具7～9脉，基部收缩成柄。复伞形花序，伞辐3～8，每辐具5～12花；花瓣鲜黄色。双悬果椭圆形。花期7—9月，果期9—10月。生于海拔200～950m的干燥山坡、林缘、林中隙地、灌丛及路旁。根、茎入药。

田葛缕子 *Carum buriaticum* Turcz. 葛 缕 子 属

二年生或多年生草本。叶片轮廓长圆形，二至三回羽状深裂至全裂，一回羽片5～7对，二回羽片2～3对，终裂片线状披针形；叶鞘具白色或淡红色宽膜质边缘。复伞形花序，伞辐5～12，每辐具10余朵花；花瓣白色或带粉红色，倒卵形。双悬果椭圆形，两侧压扁。花期7～8月，果期8～9月。生于海拔1400～2400m的沟谷、山坡、林缘。

防风 *Saposhnikovia divaricata* (Turcz.) Schischk.　防风属

多年生草本。根颈处密被纤维状老叶残基，茎二叉状分枝。叶卵状披针形，二至三回羽状深裂，终裂片狭楔形，先端常具2～3缺刻状齿。复伞形花序，伞辐5～10，每辐具4～10花；萼齿三角状卵形；花瓣白色。双悬果被小瘤状突起。花期8—9月，果期9—10月。生于海拔1300m以下的阳坡、干山坡、荒地、田埂。

辽藁本 *Conioselinum smithii* (H. Wolff) Pimenor et Kljuykov　山芎属

多年生草本。根表面深褐色，有芳香气味。基生叶和茎下部叶具长柄，向上渐短；叶片轮廓宽卵形，二至三回三出式羽状分裂；复伞形花序，伞辐8～16，每辐具小花15～20；花瓣白色，长圆状倒卵形。双悬果长椭圆形。花期8—9月，果期9—10月。生于海拔1100～2500m的多石质、山坡林下、草甸及沟边阴湿处。

石防风 *Kitagawia terebinthace* (Fisch. ex Trevir.) Pimenov 　石 防 风 属

多年生草本。茎具纵棱，节部膨大。叶二回羽状全裂，轮廓卵状三角形，末回裂片披针形至卵状披针形，边缘具缺刻状牙齿；叶鞘线形，边缘膜质。复伞形花序，伞辐10~16；萼片狭三角形；花瓣白色。双悬果椭圆形，有光泽。花期7—9月，果期9—10月。生于山坡草地或林缘。

短毛独活 *Heracleum moellendorffii* Hance 　独 活 属

多年生草本。全株被短硬毛。羽状复叶，小叶3~5，顶生小叶宽卵形，3~5裂，边缘具粗大圆齿，被疏短硬毛。复伞形花序，伞辐20~30，每辐具20余朵花；萼齿三角形；花瓣白色，辐射瓣2深裂。双悬果淡棕黄色，侧棱具窄翅。花期7—8月，果期8—9月。生于海拔900~2600m的山坡林下、阴坡沟旁、林缘。

41 报春花科 Primulaceae

狭叶珍珠菜 *Lysimachia pentapetala* Bge.

珍 珠 菜 属

一年生草本。茎多分枝，密被褐色无柄腺体。叶狭披针形，互生，有褐色腺点。总状花序顶生，苞片钻形；花萼下部合生达全长的1/3或近1/2，边缘膜质；花冠白色。蒴果球形。生于海拔500～1400m的山坡荒地、路旁、田边和疏林下。

42 木樨科 Oleaceae

北京丁香 *Suringa reticulata* subsp. *pekinensis* (Rupr.) P. S. Green et M. C. Chang

丁 香 属

大灌木或小乔木。树皮褐色或灰棕色，纵裂。叶纸质，椭圆状卵形至卵状披针形；叶柄细弱。圆锥花序；花冠白色，呈辐状。蒴果长椭圆形至披针形，光滑，疏生皮孔。花期5—8月，果期8—10月。生于海拔600～2400m的山坡灌丛、疏林、沟边、山谷。

43 龙胆科 Gentianaceae

假水生龙胆 *Gentiana pseudoaquatica* Kusnez.　龙 胆 属

一年生草本。茎近四棱形，被微短腺毛。叶对生，边缘软骨质，具芒刺；茎生叶基部合生成筒。花单生于枝顶；花萼具5条软骨质突起；花冠管状钟形，蓝色。蒴果倒卵形，顶端具狭翅。花果期4—8月。生于山地草甸及灌丛。

秦艽 *Gentiana macrophylla* Pall.　龙 胆 属

多年生草本。莲座丛叶卵状椭圆形，叶脉5~7条；茎生叶椭圆状披针形，叶脉3~5条，两面均明显，并在下面突起。花多数，无梗，簇生于枝顶呈头状或腋生作轮状；花萼筒膜质；花冠筒部黄绿色，冠蓝紫色。蒴果长椭圆形。花果期7—10月。生于海拔2400m左右的亚高山草甸。根入药。

花锚 *Halenia corniculata* (L.) Cornaz 　　花 锚 属

　　一年生草本。茎近四棱形，具细条棱，从基部分枝。基生叶常早枯萎；茎生叶椭圆状披针形或卵形，叶脉3条。聚伞花序；花萼裂片狭三角状披针形；花冠黄色，钟形，裂片卵形或椭圆形，先端具小尖头，距长4～6mm。蒴果卵圆形。花果期7—9月。生于海拔1600m以下的山坡草地、沟谷、林下、林缘。

44 夹竹桃科 Apocynaceae

竹灵消（直立白前）*Vincetoxicum inamoenum* (Maxim.) Loes. 　　白 前 属

　　多年生直立草本。基部分枝丛生，茎上有单列毛。叶薄膜质，阔卵形、卵形或窄卵形。伞形聚伞花序，小花8～10朵，腋生；花萼裂片披针形；花冠黄色。蓇葖果稍弯，长角锥状。花果期5—10月。生于海拔1600～2000m的沟谷、山地、林下、灌木。

45 紫草科 Boraginaceae

卵盘鹤虱 *Lappula redowskii* (Horn.) Green

鹤 虱 属

一年生草本。茎常单生，小枝密被灰色糙毛。叶线形或狭披针形，较密，两面有具基盘的长硬毛。花序生于茎或小枝顶端；花萼5深裂，裂片线形；花冠蓝紫色至淡蓝色，钟状，喉部缢缩，附属物生于花冠筒中部以上。小坚果具颗粒状突起。花果期5—8月。生于海拔900～1400 m的荒地、草原、沙地及干旱山坡等处。

46 唇形科 Lamiaceae

荆条 *Vitex negundo* var. *heterophylla* (Franch.) Rehd.

牡 荆 属

落叶灌木。小枝四棱形。掌状复叶，5～7，对生，具长柄；小叶椭圆状卵形，先端锐尖，缘具切裂状锯齿或羽状裂，背面灰白色。圆锥花序；花萼钟状，具5齿裂，宿存；花冠蓝紫色，二唇形。核果。花果期6—8月。生于海拔1000～1400m的杂木林、山地阳坡上。

白苞筋骨草 *Ajuga lupulina* Maxim.

筋 骨 草 属

　　多年生草本。具地下走茎。茎四棱形，具槽。叶纸质，披针状圆形，被白色长柔毛。轮伞花序组成穗状聚伞花序；苞叶大，向上渐小；花冠白色、白绿色或白黄色，具紫色斑纹，狭漏斗状，冠檐二唇形。小坚果。花期7—9月，果期8—10月。生于海拔1600～2500m的阳坡、高山草甸、陡坡石缝中。

黄芩 *Scutellaria baicalensis* Georgi

黄 芩 属

　　多年生草本。叶坚纸质，披针形至线状披针形，全缘，下面密被下陷的腺点。顶生总状花序；花萼盾片花时高1.5mm，果时高4mm；花冠紫色、紫红色至蓝色，外面密被具腺短柔毛，冠檐二唇形。小坚果卵球形。花期7—8月，果期8—9月。生于海拔60～2000m的阳坡、山坡、林缘、路旁。

并头黄芩 *Scutellaria scordifolia* Fisch. ex Schrank

黄芩属

多年生草本。茎四棱形，不分枝。叶片三角状狭卵形或披针形，近无柄，边缘具浅锐牙齿。花单生于叶腋；花萼盾片花时高1mm，果时高2mm；花冠蓝紫色，冠檐二唇形。小坚果具瘤状突起。花期6—8月，果期8—9月。生于海拔1700m以下的阳坡草地、山地草甸、林缘、林下、撂荒地及路旁。全草入药。

藿香 *Agastache rugosa* (Fisch. et Mey) O. Ktze.

藿香属

多年生草本。茎四棱形。叶心状卵形至长圆状披针形，纸质，先端尾状长渐尖，基部心形，边缘具粗齿。轮伞花序多花，花冠淡紫蓝色，唇形。小坚果卵状长圆形。花期6—9月，果期9—11月。生于海拔800~1400m的林缘、灌草丛、荒地、河滩。

香青兰 *Dracocephalum moldavica* L.

青 兰 属

一年生草本。茎叶极芳香。基生叶卵圆状三角形，基部心形，具疏圆齿；茎生叶披针形，基部圆形，两面脉上疏被小毛及黄色小腺点，边缘具三角形牙齿或疏锯齿。轮伞花序，节上通常具4花；花冠淡蓝紫色，冠檐二唇形。小坚果长圆形。花期7—9月。生于海拔1500m以下的干燥山地、山谷、河滩、荒地。

毛建草（岩青兰）*Dracocephalum rupestre* Hance

青 兰 属

多年生草本。茎不分枝，四棱形。叶三角状卵形，边缘具圆锯齿。轮伞花序密集，通常成头状；花萼常带紫色；花冠紫蓝色，下唇中裂片较小。小坚果。花期7—9月，果期9—10月。生于海拔650～3100m的草地、疏林、林缘、草甸。

口外糙苏*Phlomoides jeholensis* (Nakai et Kitag.) Kamelin et Makhm. 糙苏属

　　多年生草本。茎四棱形，具浅槽，被平展具节刚毛。叶卵形，基部浅心形至圆形，边缘粗牙齿状锯齿。轮伞花序6～16花；苞片线状钻形；花萼管状，齿端具坚硬小刺尖；花冠白色，冠筒内面具斜向间断小疏柔毛环，冠檐二唇形。小坚果。花期8—9月，果期9—10月。生于海拔1000～1400m的山坡或水边。根药用。

益母草*Leonurus japonicum* Houtt. 益母草属

　　一年生或二年生草本。茎直立，钝四棱形，有倒向糙伏毛。叶掌状3裂，裂片长圆状菱形至卵圆形。轮伞花序腋生，具8～15花，小苞片刺状；花萼管状钟形；花冠粉红色至淡紫红色，冠檐二唇形。小坚果。花期6—9月，果期9—10月。生于海拔800～3400m的荒地、路旁、田埂、山坡草地。全草入药。

细叶益母草*Leonurus sibiircus* L.

益 母 草 属

一年生或二年生直立草本。茎具短而贴生的糙伏毛。叶掌状3全裂，裂片呈狭长圆状菱形。轮伞花序轮廓圆形，下有刺状苞片；花萼筒状钟形，5齿；花冠粉红色至紫红色，花冠筒内有毛环，檐部二唇形。小坚果矩圆状三棱形。花期7—9月，果期9月。生于海拔800～1500m的田埂、荒地、石质及沙质草地上和松林中。

麻叶风轮菜（风车草）*Clinopodinm urticifolium* (Hance) C. Y. Wu et S. J. Hsuan ex H. W. Li

风 轮 菜 属

多年生草本。茎多分枝，四棱形，密被短柔毛。叶对生，叶片卵圆形，边缘具锯齿，被疏柔毛；侧脉6～7对，在上面微凹陷而下面明显隆起。轮伞花序，半球形，花冠淡紫色。花期6—8月，果期8—10月。生于海拔300～2240m的山坡、草丛、路边、沟边、灌丛。嫩叶可食用；全草入药。

薄荷 *Mentha canadensis* L. 薄荷属

　　多年生草本。茎直立，锐四棱形，具4槽。叶对生，卵状披针形，边缘疏生粗大的牙齿状锯齿，侧脉5～6对。轮伞花序腋生；花萼管状钟形，萼齿5；花冠淡紫色，冠檐4裂。小坚果卵圆形，具小腺窝。花期7—9月，果期10月。生于海拔800～1600m的沟谷、湿地、河旁、湿润草地。全草入药。

木香薷 *Elsholtzia stauntonii* Benth. 香薷属

　　直立半灌木。茎上部多分枝，带紫红色。叶披针形或椭圆状披针形，基部楔形，具锯齿状圆齿，叶片下面密被腺点。穗状花序偏向一侧，轮伞花序5～10花；花萼管状钟形；花冠淡红紫色，内面具间断髯毛环。小坚果椭圆形，光滑。花果期7—10月。生于海拔700～1600m的谷地溪边、河川、草坡、石山上。

蓝萼香茶菜 *Lsodon japonicus* var. *glaucocalyx* (Maxim.) H. W. Li　香茶菜属

　　多年生草本。茎四棱形，具4槽及细条纹。叶阔卵形，对生，先端具卵形的顶齿，边缘有粗大且具硬尖头的钝锯齿。聚伞花序；花萼钟形，外密被灰白毛茸，萼齿5；花冠淡紫色、紫蓝色至蓝色，上唇具深色斑点，冠檐二唇形。小坚果卵状三棱形。花果期6—9月。生于海拔1800m以下的山坡、路旁、林缘、林下及草丛中。全草入药。

47 茄科　Solanaceae

曼陀罗 *Datura stramonium* L.　曼陀罗属

　　一年生草本或亚灌木状。叶互生，上部呈对生状，宽卵形，基部不对称楔形，有不规则波状浅裂。花单生，有短梗；花萼筒状，筒部有5棱角，5浅裂；花冠漏斗状，白色或淡紫色，檐部5浅裂。蒴果表面有坚硬针刺。花期6—10月，果期7—11月。生于海拔800~1100m的田间、沟旁、道边、河岸、山坡等地。药用或观赏。

48 列当科 Orobanchaceae

阴行草 *Siphonostegia chinensis* Benth.

阴 行 草 属

一年生草本。叶对生，广卵形，厚纸质，二回羽状全裂，裂片狭线形，基部下延。总状花序；花冠二唇形，上唇微带紫色、下唇黄色。蒴果披针状矩圆形。花期7—8月，果期8—9月。生于海拔1200～1600m的山坡、丘陵、草丛等处。全草药用。

山罗花 *Melampyrum roseum* Maxim.

山 罗 花 属

一年生直立草本。全株疏被鳞片状短毛。茎四棱形，多分枝。叶对生，卵状披针形，先端渐尖，基部圆钝或楔形。顶生总状花序；花萼钟状，常被糙毛；花冠红色或紫红色，筒部长为檐部的2倍，上唇风帽状，2齿裂，下唇3齿裂。蒴果，室背2裂。生于山坡、疏林、灌丛和高草丛中。全草药用。

疗齿草 *Odontites vulgaris* Moench

一年生草本。全株被贴伏而倒生的白色细硬毛。茎上部分枝，四棱形。叶对生，披针形至条状披针形。穗状花序顶生，花冠紫色、紫红色或淡红色，外被白色柔毛。蒴果长圆形，上部被细刚毛。花期7—8月，果期8—9月。生于海拔2000～2800m的阴湿草地、草甸。地上部分入药。

穗花马先蒿 *Pedicularis spicata* Pall.

一年生草本。基生叶花时已枯，茎生叶4枚轮生；叶片长圆状披针形或线状披针形，羽状浅裂至中裂，缘有刺尖及锯齿。穗状花序顶生或下部间断生于叶腋成花轮；萼钟形，膜质透明；花冠紫红色。蒴果，狭卵形。花期7—9月，果期8—10月。生于海拔1500～2600m的山坡草地、林缘。

红纹马先蒿 *Pedicularis striata* Pall.

马 先 蒿 属

多年生草本。茎密被短卷毛。叶互生，羽状深裂至全裂。穗状花序，稠密，轴被密毛；苞片短于花；萼钟形，齿5枚；花冠黄色，具绛红色的脉纹。蒴果卵圆形。花期6—7月，果期7—8月。生于海拔900～1800m的疏林、草地、干旱山坡。全草药用。

返顾马先蒿 *Pedicularis resupinata* L.

马 先 蒿 属

多年生草本。叶互生，膜质至纸质，卵形至长圆状披针形，边缘有钝圆的重齿，齿上有浅色的胼胝或刺状尖头，常反卷。总状花序；苞片叶状；花萼长卵圆形，萼齿2，宽三角形；花冠淡紫红色，自基部起向右扭旋，使下唇及盔部成为回顾之状。蒴果斜长圆状披针形。花期6—8月，果期8—9月。生于海拔1200～1600m的灌木林缘、沟谷、草地。

地黄_Rehmannia glutinosa_ (Gaerth.) Libosch. ex Fisch. et Mey.　　地 黄 属

　　多年生草本。密被灰白色长柔毛和腺毛。叶在茎基部集成莲座状，向上缩小成苞片在茎上互生；叶片卵形至长椭圆形。总状花序；花萼钟状，萼齿5；花冠筒状而弯曲，紫红色，裂片5。蒴果。花果期4—7月。生于海拔50～1100m的荒山坡、山脚、墙边、路旁等处。全草入药。

49 紫葳科 Bignoniaceae

角蒿_Incarvillea sinensis_ Lam.　　角 蒿 属

　　一年生草本。茎具细条纹和微毛。基部叶对生，上部叶互生，二至三回羽状深裂或全裂。总状花序顶生；花红色，花冠二唇形，内侧有时具黄色斑点。蒴果长角状弯曲，先端细尖。花期5—8月，果期6—9月。生于海拔1500m以下的山坡、田野、荒地。全草入药。

50 车前科 Plantaginaceae

草本威灵仙（轮叶婆婆纳）*Veronicastrum sibiricum* (L.) Pennell 腹 水 草 属

多年生草本。叶3~8轮生，长圆形至宽条形，无柄，边缘有三角状锯齿。花序顶生，长尾状；花萼5深裂，裂片广披针形；花冠红紫色、紫色或淡紫色，4裂，筒内被毛。蒴果卵状圆锥形，两面有沟。花期7—9月。生于海拔2500m以下的沟谷、阴坡、林间空地。根及全草可药用。

细叶水蔓菁 *Pseudolysimachion linariifolium* (Pall. ex Link) Holub 兔 尾 苗 属

多年生草本。全株密被白色绵毛而呈灰白色。叶对生，上部的偶互生；叶片宽线形、椭圆状披针形至椭圆状卵形，上面灰绿色，下面灰白色；上部叶较小，渐无柄。总状花序长穗状，花梗极短；花冠蓝紫色至白色，4裂；雄蕊2，伸出花冠。蒴果卵球形，被毛。花期6—8月。生于海拔800~1300m的沟谷、草地、荒地。

大车前 *Plantago major* L.

车 前 属

二年生或多年生草本。根状茎短粗，具须根。叶基生呈莲座状；叶草质、薄纸质或纸质，宽卵形至宽椭圆形，叶柄明显长于叶片。穗状花序；花密生；苞片较萼裂片短，均有绿色龙骨状突起；花冠白色，无毛，花后反折。蒴果。花期6—8月，果期7—9月。生于草地、草甸、河滩、沟边、沼泽地、山坡路旁、田边或荒地。全草入药。

平车前 *Plantago depressa* Willd.

车 前 属

二年生或多年生草本。根茎短缩肥厚，密生须状根。叶基生，纸质，宽卵形至宽椭圆形，表面平滑，边缘波状，间有不明显钝齿，主脉5条。穗状花序细圆柱状；苞片狭卵状三角形；萼片先端钝圆或尖，龙骨突不延至顶端；花冠白色，无毛，冠筒与萼片等长。蒴果。花期4—8月，果期6—9月。生于3200m以下的山野、路旁、河边、草丛。果实药用。

51 茜草科 Rubiaceae

茜草 *Rubia cordifolia* L.　　　　茜 草 属

多年生攀缘草本。茎4棱，蔓生，多分枝，茎棱、叶齿、叶缘和下面中脉上都生有倒刺。叶常4片轮生，长卵形至卵状披针形。聚伞花序圆锥状；花冠淡黄白色，辐状，5裂。果实肉质，双头形，成熟时红色。花期8—9月，果期10—11月。生于海拔1300m以下的林缘、路旁、荒地、田埂。

蓬子菜 *Galium verum* L.　　　　拉 拉 藤 属

多年生草本。茎4棱，无倒钩刺。叶6~10片轮生，线形，边缘外卷，中脉1，隆起。圆锥花序具多花；花冠黄色。果实双头形。花期4—8月，果期5—10月。生于海拔1400m以下的山坡、旷野、路旁草丛、沟谷。全草入药。

52 忍冬科 Caprifoliaceae

金花忍冬 *Lonicera chrysantha* Turcz.

忍 冬 属

灌木。冬芽有数对鳞片，具睫毛。叶菱状卵形或菱状披针形，基部楔形，全缘，具睫毛。总花梗长 1.5~2.3cm；苞片线形，边缘具睫毛；花黄色，花冠筒部一侧浅囊状，上唇 4 浅裂。浆果红色。花期 5—6 月，果期 7—9 月。生于海拔 1600m 左右的沟谷、林下或林缘灌丛中。花蕾、嫩枝、叶可入药。

金银忍冬 *Lonicera maackii* (Rupr.) Maxim.

忍 冬 属

灌木。小枝中空。叶卵状椭圆形至卵状披针形，先端锐尖，基部楔形，边缘具睫毛；叶柄长 3~5mm。花序总梗短于叶柄；苞片线形，小苞片椭圆形，合生，具缘毛；花冠二唇形，白色，后变黄色。浆果暗红色；种子具小凹点。花期 5—6 月，果期 8—10 月。生于海拔 1800~3000m 的林中或林缘溪流附近的灌木丛中。

糙叶败酱（山败酱）*Patrinia scabra* Bge.

多年生草本。基生叶倒披针形，边缘2～4羽状裂；茎生叶对生，窄卵形，1～4对羽状裂，被短糙毛。聚伞花序在顶端集成伞房状；花黄色；花冠管状，基部一侧膨大成囊状，顶端5裂。瘦果长圆柱状。花期7—8月，果期8—9月。生于海拔250～2340m的田埂、疏林地、石质丘陵坡地、石缝或较干燥的阳坡草丛中。

异叶败酱*Patrinia heterophylla* Bge.

多年生草本。基生叶卵形，3裂，具长柄；茎生叶对生，下部2～4对羽状全裂，上部3全裂，边缘具圆齿状浅裂。聚伞花序伞房状；花冠筒状，筒基有小偏突，5裂。瘦果长圆形或倒卵圆形。花期7—9月，果期8—10月。生于海拔90～1700m的岩缝中、林间空地、草丛中、路边。根含挥发油，根茎和根供药用。

败酱 *Patrinia scabiosifolia* Fisch. ex Trevir.　　　败 酱 属

多年生草本。基生叶丛生，不裂或羽状分裂或全裂；茎生叶对生，宽卵形或披针形，羽状深裂或全裂。聚伞花序组成伞房花序。瘦果长圆形。花期7—8月，果期8—9月。生于海拔50～2600m山坡林下、林缘和灌丛中以及路边、田埂边的草丛中。全草入药。

窄叶蓝盆花 *Scabiosa comosa* Fisch. ex Roem. et Schult.　　　蓝 盆 花 属

多年生草本。基生叶簇生，卵状披针形或椭圆形，叶缘具齿；茎生叶对生，羽状浅裂至深裂。头状花序在茎顶成聚伞状；总苞具3脉；花萼5裂，刚毛状；花冠蓝紫色，5裂，边花二唇形，中央花筒状。瘦果椭圆形。花期7—8月，果期9月。生于海拔1600～3200m的山坡草地、荒坡、高山草甸。

日本续断 *Dipsacus japonicus* Miq.

川 续 断 属

多年生草本。茎多分枝，具棱和沟槽，棱上有粗糙的刺毛。基生叶3裂；茎生叶对生，羽状分裂，背面和叶柄均有刺毛。头状花序球形；花冠紫红色，漏斗状，裂片4。瘦果楔状卵形，有明显4棱。花期8—9月，果期9—11月。生于海拔800～1600m的山坡草地较湿处或溪沟旁。根入药。

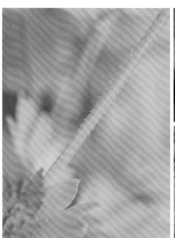

53 荚蒾科 Viburnaceae

蒙古荚蒾 *Viburnum mongolicum* (Pall.) Rehd.

荚 蒾 属

灌木。幼枝密被星状毛，老枝灰色且无毛。冬芽不具芽鳞。叶宽卵形至椭圆形，基部宽楔形或圆形，边缘有浅齿；叶柄密被星状毛。聚伞花序顶生；萼具5微齿；花冠白色至淡黄色，管状钟形，5裂。核果椭圆形，先红色后变黑色。花期5月，果期9月。生于海拔800～2400m的山坡疏林下、河滩地。

接骨木（公道老）*Sambucus williamsii* Hance.

接 骨 木 属

灌木或小乔木。奇数羽状复叶，小叶5～7，椭圆形至长圆状披针形，揉碎后有臭味；叶基楔形，边缘有锯齿。圆锥花序；萼筒杯状，三角状披针形；花冠白色至淡黄色，5裂，向外反卷。浆果状核果，黑紫色或红色。花期4—5月，果期9—10月。生于海拔540～1600m的山坡、灌丛、沟边、路旁、宅边等地。根、茎和叶均可入药。

54 葫芦科 Cucurbitaceae

赤瓟 *Thladiantha dubia* Bge.

赤 瓟 属

草质藤本。茎和叶均被长柔毛状硬毛，卷须不分叉。叶宽卵状心形，基部1对沿叶基弯缺向上展开，边缘有大小不等的锯齿。雌雄异株；花萼裂片披针形，向上反折；花冠黄色，裂片矩圆形，上部反折。果实卵状长圆形，具10个纵纹。花期6—8月，果期8—10月。生于海拔300～1800m的村边、沟谷、山地草丛、林下空地。

55 桔梗科 Campanulaceae

桔梗 *Platycodon grandiflorus* (Jacq.) A. DC.　　　桔 梗 属

多年生草本。根肉质肥厚，黄褐色。叶互生、近对生或近轮生，卵状披针形，边缘有锐锯齿。花单生于茎顶或数朵生于各分枝顶端；花萼钟状，裂片5，宿存；花冠蓝紫色，宽钟状，5浅裂。蒴果顶部5瓣裂。花期7—9月。生于海拔2000m的山地阴坡和山梁。观赏植物；根入药。

党参 *Codonopsis pilosula* (Franch.) Nannf.　　　党 参 属

多年生草本。茎缠绕，有白色乳汁和特殊气味。叶互生或近对生，卵形或狭卵形，边缘有稀钝齿，波状，两面有毛。花1～3朵生于枝端；花冠淡黄绿色，有紫斑，宽钟形，5浅裂。蒴果圆锥形，萼宿存。花果期7—10月。生于海拔1800～2900m的山沟阴湿处、林下。根入药。

羊乳（四叶参）*Codonopsis lanceolata* (Sieb. et Zucc.) Trautv. 党 参 属

多年生草本。茎缠绕，主茎上有短枝。主茎叶互生；短枝叶4枚轮生，上面绿色，下面灰绿色。花单生于枝端；花冠黄绿色，有紫斑，宽钟状，5浅裂，裂片先端反卷。蒴果扁圆锥状。花果期7—8月。生于海拔1200～1500m的山地灌木林下、沟边阴湿地区、阔叶林下。根药用。

石沙参*Adenophora polyantha* Nakai 沙 参 属

多年生草本。根肉质粗厚。茎单一或同根出2茎。基生叶卵圆形，花期枯萎；茎生叶互生，边缘具稀疏锯齿。圆锥花序；花萼裂片5，狭披针形；花冠蓝紫色，钟状。蒴果。花果期8—10月。生于海拔2000m的山沟、向阳山坡、阔叶林下。

多歧沙参 *Adenophora potaninii* subsp. *wawreana* (Zahlbr.) S. Ge et D. Y. Hong

多年生草本。基生叶圆形或肾圆形，早枯萎；茎生叶互生，狭卵形、菱状卵形或披针形，先端近尾状尖，基部宽楔形或截形，边缘有疏锯齿。圆锥花序顶生；花萼裂片5，边缘具小齿或小裂片，反卷；花冠钟形，5浅裂；花柱稍伸出花冠。花期7—8月，果期8—9月。生于海拔2000m以下的阴坡草丛、灌木林、砾石滩、岩石缝中。

紫沙参 *Adenophora capillaris* subsp. *paniculata* (Nannf.) D. Y. Hong et S. Ge

多年生草本。基生叶心形；茎生叶椭圆状卵形、披针状线形或披针形，基部楔形，近全缘；无柄。顶生圆锥花序；花萼裂片5，丝状，长3～4mm；花冠淡蓝紫色或近白色，筒状坛形，5浅裂；花柱伸出花冠很长，柱头3裂。蒴果卵状椭圆形。花期6—9月，果期8—10月。生于海拔1100～2800m的阴坡林下、山沟阴湿处、荒地。

56 菊科 Compositae

翠菊 *Callistephus chinensis* (L.) Nees

翠 菊 属

　　一年生或二年生草本。全株被白色长硬毛。基生叶与茎下部叶花时凋落；叶自下而上渐小，菱状倒披针形，边缘有不规则的粗大锯齿。头状花序单生于茎顶，总苞片3层；外围雌花舌状，中部管状花两性；花柱分枝三角形，具乳头状毛。瘦果褐色，密被短柔毛。花果期5—10月。生于海拔30～2700m的山坡、林缘或灌草丛。入药；观赏植物。

狗娃花 *Aster hispidus* Thunb.

紫 菀 属

　　一或二年生草本。叶全缘；茎下部叶狭长圆形；中部叶长圆状披针形；上部叶线形。头状花序在枝顶排成圆锥伞房状；总苞半球形；舌状花30余朵，舌片淡蓝色，管状花多数，黄色。瘦果密被硬毛。花期7—9月，果期8—9月。生于海拔2400m以下的山野、荒地、林缘和草地。

东风菜 *Aster scaber* Thunb. in Murray

紫 菀 属

多年生草本。根状茎短。叶片心形，自下而上渐小，叶基常有具宽翅的柄。头状花序；总苞片3层，边缘宽膜质，有缘毛；外围的1层舌状花10朵，白色；中央的管状花多数，黄色。瘦果有5条厚肋。花果期6—10月。生于海拔1200～1500m的山谷坡地、草地和灌丛中。全草入药。

紫菀 *Aster tataricus* L. f.

紫 菀 属

多年生草本。根状茎短，茎有沟棱，被疏粗毛。叶互生，厚纸质，茎下部叶椭圆状匙形，基部渐狭成具翅的柄；中部叶长圆形，上部叶披针形且无柄。头状花序排成复伞房状；总苞片边缘宽膜质；舌状花蓝紫色。瘦果紫褐色，有疏粗毛。花果期7—10月。生于海拔400～2000m的阴坡湿地、河边草甸及沼泽地。根及根状茎入药。

三脉紫菀 *Aster ageratoides* Turcz.

紫 菀 属

　　多年生草本。根状茎粗壮。叶互生，纸质，下部叶宽卵圆形；中部叶长椭圆状披针形，边缘具浅齿；上部叶渐小。头状花序在茎顶排成伞房状；总苞半球状；舌状花10余朵，紫色、浅红色或白色；管状花黄色。瘦果灰褐色，被短粗毛。花果期7—12月。生于海拔100～3350m的山坡、林缘、灌丛及山谷湿地。全草入药。

火绒草 *Leontopodium leontopodioides* (Willd.) Beauv.

火 绒 草 属

　　多年生草本。茎被灰白色长柔毛或白色绢状毛。叶线状披针形，上面灰绿色，被柔毛，下面被白色或灰白色密绵毛，下部叶在花期枯萎宿存；苞叶被白色或灰白色厚茸毛，开展成苞叶群。头状花序3～7个，密集排列；总苞被白色密绵毛。瘦果有乳突。花果期7—10月。生于海拔100～3200m的草地、荒山坡上。全草药用。

欧亚旋覆花 *Inula britanica* L.

旋 覆 花 属

多年生草本。叶长椭圆状披针形，下部渐狭，基部宽大，心形耳状半抱茎。头状花序1～5个排列成伞房状；总苞片4～5层，线状披针形，有腺点和缘毛；舌状花黄色。瘦果有浅沟，被短毛。花期7—9月，果期8—10月。生于海拔1300m以下的山坡路旁、湿润草地、河岸和田埂上。花供药用。

高山蓍 *Achillea alpina* L.

蓍 属

多年生草本。叶线状披针形，羽状浅裂至深裂，边缘有不等大的锯齿，齿端有软骨质尖头。头状花序多数，密集成伞房状；总苞片3层，覆瓦状排列，宽披针形，具中肋，边缘膜质；边花舌状，白色，顶端3浅齿；管状花白色。瘦果宽倒披针形。花果期7—9月。生于海拔1300～2500m的山地林缘、灌丛、草坡中。全草入药。

小红菊 *Chrysanthemum chanetii* H. Lev.

菊 属

多年生草本。叶3～5掌状或羽状浅裂，顶裂片较大。头状花序在茎顶排成疏伞房状；总苞碟形，4～5层，边缘白色或褐色膜质；舌状花白色、粉红色或紫色。瘦果顶端斜截，下部窄，具4～6条脉棱。花果期7—10月。生于海拔1300～1600m的山坡林缘、灌丛、沟边及河滩。

大籽蒿 *Artemisia sieversiana* Ehrhart ex Willd.

蒿 属

一或二年生草本。茎具纵沟棱。基生叶花时枯萎，茎中下部叶有长柄，基部具假托叶；叶宽卵形，二至三回羽状深裂，上具腺点；上部叶近无柄。头状花序在茎顶排成圆锥状；苞片线形，3～4层，膜质；花序托被长托毛；边花雌性，中央花两性；花冠钟状。瘦果倒卵形，褐色。花果期7—9月。生于海拔500～4200m的山坡路边及杂草地。全草入药。

白莲蒿 *Artemisia stechmanniana* Besser

半灌木。下部叶花时枯萎；中部叶卵形，二至三回羽状深裂，羽轴有栉齿状小裂片；叶柄长，有假托叶；上部叶小。头状花序在茎枝端排成圆锥状；总苞3层，边缘宽膜质；边花雌性，中央小花两性；花冠管状；花序托无托毛。瘦果卵状长圆形。花果期8—10月。生于山坡、路旁、灌丛地及森林草原地区。全草入药；也可作牲畜饲料。

野艾蒿 *Artemisia lavandulifolia* DC.

多年生草本。有香气。下部叶具长柄，二回羽状分裂，裂片常有齿；中部叶一回羽状深裂；上部叶渐变小，羽状3～5全裂或不裂，全缘。头状花序筒形或筒状钟形，在枝端排列成狭窄的圆锥状；总苞长圆形，3～4层；边花雌性，盘花两性，红褐色。瘦果长圆形，无毛。花果期8—10月。生于低或中海拔林缘、山坡、草地、山谷、灌丛等。全草入药。

牛尾蒿*Artemisia dubia* Wall. ex Besser

　　多年生草本。基生叶花期枯萎；茎中下部叶指状或羽状分裂，基部渐狭成短柄，上面近无毛，下面密被绢状柔毛；上部叶3深裂或不裂。头状花序在茎顶及侧枝上密集成圆锥花序，苞叶线形；总苞球形3～4层，边缘膜质；边花雌性，中央花两性。瘦果倒卵形。花果期8—10月。生于低海拔至3500m地区的山地草甸、河谷。叶药用。

无毛牛尾蒿*Artemisia dubia* var. *subdigitata* (Mattr.) Y. R. Ling

　　与原变种牛尾蒿区别在于本变种茎、枝、叶背面初时被灰白色短柔毛，后脱落无毛。生于山坡、河边、路旁、沟谷、林缘等。

华北米蒿（茭蒿）*Artemisia giraldii* Pamp.

多年生草本。基生叶和茎下部叶花期枯萎；中部叶羽状全裂，线状披针形或线形，两面密被伏贴的柔毛；上部叶小，3全裂或不裂。头状花序在茎顶排成扩展的圆锥状，下垂；总苞片4层，中肋绿色，边缘宽膜质；边花雌性，盘花两性，无托毛。花果期7—10月。生于海拔1000～2300m的山坡、灌丛、荒地上。

南牡蒿*Artemisia eriopoda* Bge.

多年生草本。叶羽状深裂，椭圆形，基部楔形，顶端掌状裂；基生叶与茎下部叶具长柄，中上部叶近无柄；上部叶披针形，3裂或不裂。头状花序在茎顶排成圆锥状，苞叶披针形；总苞卵形，3～4层，边缘膜质；花黄色，边花雌性能育，盘花两性不育。瘦果长圆形，褐色。花果期8—10月。生于山坡草地及林缘。全草可作青蒿入药。

额河千里光 *Jacobaea argunensis* (Turcz.) B. Nord.　疆千里光属

　　多年生草本。叶互生，羽状深裂，裂片约6对，线形。头状花序在枝端成伞房状；总苞片线形，边缘膜质；舌状花黄色，约10个，舌片线形；管状花多数。瘦果圆柱形，有纵沟。花期8—10月。生于海拔500～3300m间的山坡、草丛、沟边坡地、溪旁。全草入药。

狭苞橐吾 *Ligularia intermedia* Nakai.　橐吾属

　　多年生草本。茎上部被蛛丝状毛。基生叶有长柄，基部扩大成鞘状抱茎；叶肾状心形，掌状脉，边缘有细锯齿；茎生叶渐小，具短柄，下部鞘状抱茎。头状花序在茎顶排成总状，长达30cm；总苞片8，边缘膜质。花黄色，舌状花4～6，筒状花10朵。瘦果圆柱形，冠毛污褐色。花果期7—10月。生于海拔120～3400m的山坡、林缘、沟边、路旁。

驴欺口（蓝刺头）*Echinops davuricus* Fisch. ex Hornem.

蓝 刺 头 属

多年生草本。叶二回羽状分裂，裂片披针形，边缘有短刺，上面绿色，下面密生白绵毛；叶自下而上渐小，基部抱茎。复头状花序，蓝色；内总苞片边缘有篦状睫毛；花冠筒状，裂片淡蓝色，筒部白色。瘦果密生黄褐色柔毛。花期6月，果期6—9月。生于海拔120～2200m的林缘、干燥山坡及山地林缘草甸。根入药。

牛蒡*Arctium lappa* L.

牛 蒡 属

二年生草本。基部叶丛生，具长柄；中上部叶互生，宽卵形至心形，上面疏生短毛，下面密被灰白色绵毛。头状花序在茎顶成伞房状；总苞片披针形，先端钩齿状内弯；管状花紫红色，先端5裂片。瘦果灰褐色。花期6—7月，果期8—9月。生于海拔750～3500m的村庄路旁、山坡、草地。果实供药用。

野蓟 *Cirsium maackii* Maxim.

多年生草本。茎下部被褐色多细胞皱曲毛，上部被蛛丝状卷毛。基生叶羽状半裂或深裂，基部渐狭成具翅的短柄；茎生叶与基生叶同形，基部抱茎，边缘具刺。头状花序单生于茎顶；总苞扁球形，有黏性；总苞片多层，中肋明显，背面密被微毛和腺点；花紫红色。瘦果淡黄色。花果期6—9月。生于海拔140～1100m的山坡、荒地上。根、叶药用。

块蓟 *Cirsium viridifolium* (Hand.-Mazz.) C. Shih

多年生草本。具块根，呈指状。叶狭披针形，边缘密生细刺或有刺尖齿；上面绿色，被柔毛，下面密被灰白色绒毛，秋季叶背面毛常脱落。头状花序单生于枝端，总苞钟状球形，富有黏性；花冠紫红色。瘦果灰黄色。花果期8—9月。生于海拔200～2000m的山坡、林缘、山坡草地、草甸。

紫苞雪莲 *Saussurea iodostegia* Hance 风 毛 菊 属

多年生草本。叶线状披针形，基部渐狭成长柄，柄基成鞘状半抱茎；上部叶渐小，苞叶状，紫色。头状花序在茎顶成伞房状，密被长柔毛；总苞钟状，4层，暗紫色，被白色长柔毛和腺体；管状花紫色，檐部5裂片。瘦果圆柱形，褐色。花果期7—9月。生于海拔3000～3350m的山地草甸、林缘。

篦苞风毛菊 *Saussurea pectinata* Bunge 风 毛 菊 属

多年生草本。基生叶花期凋落；中下部叶卵状披针形，羽状深裂；上部叶羽状浅裂或全缘。头状花序在茎端排列成伞房状；总苞宽钟状，5层，被疏蛛丝状毛或短毛，外层有栉齿状附片，常反折；管状花粉紫色。冠毛污白色，外层糙毛状，内层羽状毛。花果期8—10月。生于海拔1300m左右的山地林缘、沟谷、路旁。

多头麻花头 *Klasea centauroides* subsp. *polycephala* (Iljin) L. Martins

多年生草本。基生叶花时凋落，茎生叶卵形至长椭圆形，羽状深裂，裂片边缘有短糙毛；上部叶渐小。头状花序10～40个，在茎顶排成伞房状；总苞7层，筒状；管状花红紫色，下筒部较上筒部短。瘦果倒卵状椭圆形。花果期6—9月。生于海拔600～2000m的山坡、干燥草地、路边。

麻花头 *Klasea centauroides* (L.) Cass.

多年生草本。基生叶具长柄，常残存；茎生叶羽状深裂，裂片具短尖头；上部叶渐小。头状花序数个，具长梗；总苞卵形，10～12层；管状花淡紫色，下筒部和上筒部近等长。瘦果长圆形，褐色。花果期6—9月。生于海拔1100～1590m的路旁、荒野或干旱山坡。

大丁草*Leibnitzia anandria* (L.) Turczaninow

大 丁 草 属

多年生草本。春型植株高6～19cm；秋型植株高30～50cm。叶倒披针形或长椭圆形，基部渐狭成柄，边缘琴形羽裂，上面绿色，下面密被白色蛛丝状毛。头状花序单生；总苞筒状钟形，3层；舌状花紫红色，长10～12mm；管状花长约7mm。瘦果两端收缩。花期4—6月，果期7—9月。生于海拔约1600m的山坡路旁、沟边、林缘、草地。全草入药。

猫耳菊*Hypochaeris ciliatus* (Thunb.) Makino

猫 耳 菊 属

多年生草本。基生叶匙状长圆形，基部渐狭成柄状；中部叶互生，长圆形，基部耳状抱茎。头状花序单生于茎顶；总苞半球形，3～4层；全为黄色舌状花，舌片先端齿裂栉齿状。瘦果淡黄褐色，无喙。花果期6—8月。生于海拔850～1200m的山地林缘、草甸、山坡上。根入药。

蒲公英（婆婆丁）*Taraxacum mongolicum* Hand.-Mazz.　蒲 公 英 属

多年生草本，具乳汁。叶基生，匙形或倒披针形，羽状裂，基部渐狭成柄状。花莛数个，与叶近等长，上端密被蛛丝状毛；总苞钟状，2层；舌状花黄色，外围舌片的外侧中央具红紫色宽带。瘦果褐色，具多条纵沟，有刺状突起。花果期4—10月。生于田野、路边、山坡草地、河岸沙质地。全草入药。

苣荬菜 *Sonchus wightianus* DC.　苦 苣 菜 属

多年生草本。具匍匐根状茎。叶长圆状披针形，基部渐狭成柄；中部叶无柄，基部圆形耳状抱茎，边缘具不规则波状尖齿。头状花序数个排成伞房状；总苞钟状，3层；舌状花黄色。瘦果纺锤形，褐色，有3～8条纵肋。花果期1—9月。生于海拔300～2300m的田间、村舍附近、山坡。全草入药；叶可作小菜食用。

翼柄翅果菊 *Lactuca triangulata* Maxim. 莴苣属

　　多年生草本。叶三角状戟形；下部叶具狭翅或宽翅，几半抱茎；中部叶叶柄有宽翅，基部呈扩大的耳形抱茎；上部叶渐小，无柄。头状花序在茎顶排成圆锥花序；总苞筒状钟形，2～3层；舌状花黄色。瘦果暗肉红色，每面有1条突起的纵肋。花果期7—9月。生于海拔700～1900m的山坡草地或林下。

翅果菊 *Lactuca indica* L. 莴苣属

　　一年生或二年生草本。叶具狭窄膜片状长毛，无柄；上部叶基部常扩大，戟形，半抱茎；下部叶花期枯萎，上部叶变小。头状花序在茎顶排成圆锥状；总苞近圆筒状，3～4层；舌状花淡黄色。瘦果黑色，每面有1条突起的纵肋，喙短。花果期4—11月。生于海拔300～2000m的河谷、草甸、河滩。优良饲用植物。

57 香蒲科 Typhaceae

水烛 *Typha angustifolia* L.

香 蒲 属

多年生沼生草本。根状茎横生于泥中，生多数须根。叶狭线形，背部隆起；叶鞘具膜质边缘，有叶耳。穗状花序圆柱形，雌雄花序不连接，雄花序在上，雌花序在下，深褐色；雌花小苞片匙形，黑褐色；花被退化为茸毛状。小坚果无沟。花果期6—9月。生于海拔1600m以下的池塘、水边和浅水沼泽中。花粉药用；叶供编织；蒲绒可作枕头、沙发等填充。

58 禾本科 Gramineae

大臭草 *Melica turczaninoviana* Ohwi

臭 草 属

多年生草本。秆5～7节。叶鞘闭合近鞘口，叶舌膜质；叶片长8～18cm，宽3～6mm。圆锥花序，每节具分枝2～3；小穗卵状长圆形，具孕性小花2～3，顶生不育外稃聚集成球形；颖纸质，边缘膜质，5～7脉；外稃草质，边缘膜质。花果期6—8月。生于海拔700～2200m的山地林缘、针叶林和白桦林内、灌丛草甸及阴坡草丛中。

无芒雀麦*Bromus inermis* Leyss.　雀 麦 属

多年生草本。具横走根状茎。秆直立。叶鞘通常闭合；叶舌质硬；叶片长7～16cm，宽5～8mm。圆锥花序开展，每节具3～5分枝；小穗含4～6小花，穗轴节间具小刺毛；颖披针形，具膜质边缘；外稃宽披针形，具5～7脉，常无芒。颖果。花果期7—9月。优良牧草。

纤毛鹅观草*Elymus ciliaris* (Trin. ex Bunge) Tzvelev　披 碱 草 属

多年生草本。秆常单生，被白粉，具3～4节。叶鞘无毛；叶片长10～20cm，宽3～10mm，边缘粗糙。顶生穗状花序，每节生1小穗；小穗绿色，脱节于颖之上；颖具粗壮的5～7脉，具纤毛；外稃背部被粗毛，边缘具长而硬的纤毛，上部具明显5脉；第一外稃具芒，芒干时向外反曲，粗糙。花果期4—7月。生于海拔1700m的路边、荒地及山坡上。

垂穗披碱草 *Elymus nutans* Griseb.

　　多年生草本。叶鞘无毛，叶舌膜质；叶片扁平或内卷，上面粗糙，下面平滑。穗状花序曲折而下垂；小穗在穗轴上排列紧密且多少偏于一侧，绿色，成熟后带紫色；颖长圆形，具长2～5mm的短芒；外稃长圆状披针形，芒长10～20mm，向外反曲。花果期7—10月。生于林下、林缘、草甸、路旁。优良牧草。

羊草 *Leymus chinensis* (Trin.) Tzvel.

　　多年生草本。具根状茎，常具沙套。叶鞘光滑，叶舌截平；叶质地厚而硬，干后内卷。穗状花序顶生；小穗常每节成对着生，粉绿色，成熟时变黄色；小穗含5～10小花；颖锥形，外稃披针形，边缘具狭膜质。花果期6—8月。生于开阔平原、起伏的低山丘陵以及河滩、盐渍低地。优良的饲用禾草。

野青茅 *Deyeuxia pyramidalis* (Host) Veldkamp

野　青　茅　属

多年生草本。叶鞘常长于节间；叶舌膜质，先端常撕裂；叶片两面粗糙，带灰白色。圆锥花序紧缩，似穗状；小穗长5～6mm；颖披针形，点状粗糙；外稃先端具微齿，基盘两侧的毛长达外稃的1/4～1/3；芒自外稃基部1/5处伸出，近中部膝曲。花果期7—9月。生于海拔1300～2600m的山坡草地或沟谷荫蔽之地。

京芒草 *Achnatherum pekinense* (Hance) Ohwi

羽　茅　属

多年生草本。秆直立，具3～4节。叶鞘长于节间或上部较短，叶舌长约1mm。圆锥花序开展，每节具3～6个分枝，分枝细长，成熟后水平开展；小穗草绿色或灰绿色，成熟后变紫色；颖膜质，具3条脉，上部边缘膜质；外稃厚纸质，背部密生白色柔毛；芒长约2cm，一回膝曲，芒柱扭转，具细小刺毛。颖果纺锤形。花果期7—9月。生于海拔350～1500m的山坡草地。

稗 *Echinochloa crusgalli* (L.) Beauv.

一年生草本。叶线形，中脉宽，白色。圆锥花序疏松，带紫色；轴基部有硬刺疣毛；小穗一面平，一面凸，密集排列于穗轴一侧；颖具 5 脉；外稃 7 脉，具硬刺疣毛。颖果白色或棕色，坚硬。花果期7—10月。生于海拔1100～1400m的湿地、水田或旱地。食用；饲用；入药。

狗尾草 *Setaria viridis* (L.) P. Beauv.

一年生草本。叶鞘稍松弛；叶舌毛状；叶长5～30cm，宽2～15mm。圆锥花序，穗状圆柱形，稍弯垂；每簇具9条刚毛，绿色、黄色或带紫色；小穗椭圆形；外稃与小穗等长，具5～7脉，内稃窄狭。谷粒长圆形，具细点状皱纹。花果期7—9月。生于海拔1200m左右的荒地、路边、坡地上。

大油芒*Spodiopogon sibiricus* Trin.　　大 油 芒 属

多年生草本。根状茎密被覆瓦状鳞片。叶鞘长于节间；叶舌干膜质，截形；叶宽线形，长15～28cm，宽6～14mm。圆锥花序疏散开展，小枝具2～4节，节具髯毛，每节2小穗；小穗灰绿色至草黄色；芒自外稃顶端裂齿间伸出，芒柱扭转，中部膝曲。花果期7—10月。生于海拔500～1400m的山坡草丛或路旁。优良饲草；全草入药。

59 莎草科　Cyperaceae

羽毛荸荠*Eleocharis wichurai* Böck.　　荸 荠 属

多年生草本。根状茎短，有地下匍匐枝。秆丛生，三棱形。小穗卵状圆柱形或披针形，鳞片中部有1条脉，锈色，边缘白色膜质；雄蕊3；下位刚毛6，稍长于小坚果，密生白色透明扁刺，呈羽毛状；柱头3。小坚果微扁，钝三棱形。花果期7月。生于海拔1680m左右的山地沼泽或草甸。

宽叶薹草 *Carex siderosticta* Hance

薹 草 属

多年生草本。根状茎长；营养茎和花茎有间距；营养茎的叶长圆状披针形，花茎苞鞘佛焰苞状。小穗单生或孪生于各节，雄雌顺序；小穗柄多伸出鞘外；雌花鳞片疏被锈点。果囊无毛，具多条突起细脉，具短柄，喙口平截；小坚果，椭圆形。花果期4—5月。生于海拔1000～2000m的针阔叶混交林或阔叶林下或林缘。

60 鸭跖草科 Commelinaceae

竹叶子 *Streptolirion volubile* Edgew.

竹 叶 子 属

多年生攀缘草本。茎分枝长，细弱。叶有长柄，顶端尾尖，基部深心形，边缘有细毛；叶鞘常截头，缘有毛。花2～3朵；花冠直径5～6mm；花丝有毛。蒴果与喙长8～11mm。花果期7—10月。生于海拔1400～1600m的溪边、林下、山沟、农田旁湿润处。

61 灯芯草科 Juncaceae

小灯芯草 *Juncus bufonius* L.

灯 芯 草 属

一年生草本。**茎丛生**，基部红褐色。叶片扁平，线形，叶鞘边缘膜质。二歧聚伞花序；总苞片叶状，较花序短；小苞片膜质；花被片6，外轮3枚明显较内轮3枚长；雄蕊长约为花被片1/2。蒴果三棱状长圆形，褐色；种子黄褐色，具花纹。花期5—7月，果期6—9月。生于海拔160～3200m的潮湿和沼泽地。

62 藜芦科 Melanthiaceae

藜芦 *Veratrum nigrum* L.

藜 芦 属

多年生草本。粗壮，基部叶鞘枯死后残留为带黑色有网眼的纤维网。叶椭圆形至卵状披针形，无柄或茎上部的具短柄。圆锥花序；侧生总状花序通常具雄花；顶生总状花序通常着生两性花；小花密生，紫黑色；小苞片披针形，边缘和背面有绵毛；雄蕊长为花被片的一半。蒴果。花期7—8月，果期8—9月。生于海拔1200～3300m的山坡林下、林缘或草丛中。根茎有剧毒，可入药。

63 百合科 Liliaceae

山丹（细叶百合）*Lilium pumilum* DC.

百 合 属

　　鳞茎白色，鳞片长圆形或长卵形。茎有小乳头状突起。叶散生于茎的中部，线形，边缘密被小乳头状突起，有1条明显的中脉。花单生或数朵排成总状花序，下垂，鲜红色，通常无斑点；花被片向外反卷，蜜腺两边有乳头状突起。蒴果长圆形。花期7—8月，果期9—10月。生于海拔400～2600m的向阳山坡草地或林缘。鳞茎食用、药用；花供观赏。

64 石蒜科 Amaryllidaceae

细叶韭*Allium tenuissimum* L.

葱 属

　　鳞茎数枚聚生，近圆柱状，外皮紫褐色至灰黑色，膜质；叶圆柱状，长于或近等长于花葶。花葶圆柱状，具纵棱，中下部被叶鞘；总苞单侧开裂，膜质，具短喙；伞形花序，小花梗近等长，花白色或淡红色；花丝长为花被片的1/2～2/3，基部合生并；子房卵球状，花柱不伸出花被外。花果期7—9月。生于海拔1200～2000m的山坡、草地或沙丘上。优良的饲用植物。

长梗韭*Allium neriniflorum* (Herb.) Baker.　　葱　属

　　植株无葱蒜气味。鳞茎单生，卵球状至近球状，外皮灰黑色，膜质。叶圆柱状，中空。花莛圆柱状，近下部被叶鞘；总苞单侧开裂；伞形花序；小花梗不等长，基部具小苞片；花红色至紫红色；花被片基部靠合成管状，分离部分呈星状开展。花果期7—9月。生于海拔2000m以下的山坡、湿地、草地、海边沙地。鳞茎作薤白入药；鳞茎也可食用。

65　天门冬科　Asparagaceae

铃兰*Convallaria keiskei* Mig.　　铃　兰　属

　　多年生草本。叶卵状披针形，基部楔形下延成鞘状互抱的叶柄。苞片披针形，短于花梗，花梗长近顶端有关节；花白色，先端6裂，裂片向外反卷。浆果熟时红色；种子扁圆形或双凸形，表面有网纹。花期5—6月，果期7—8月。生于海拔1500～2000m的山地阴坡林下潮湿处或沟边。全草药用。

曲枝天门冬*Asparagus trichophyllus* Bge.

　　多年生草本。茎平滑，中部至上部强烈回折状，上部疏生软骨质齿。叶状枝每5～8枚成簇，刚毛状，茎上部的鳞片状叶基部有刺状距或硬刺。花1～2枚腋生，绿色而稍带紫色，花梗中部有关节。浆果熟时红色；种子黑色。花期5—7月，果期7月。生于海拔2100m以下的山地、路旁、田边或荒地上。

兴安天门冬*Asparagus dauricus* Link

　　多年生草本。茎和枝有条纹，幼枝具软骨质齿。叶状枝每1～6成簇，枝长短不等；鳞片状叶基部无刺。花1～2朵腋生，黄绿色；雄花花被长3～5mm，雌花较小，花被长约1.5mm。浆果球形，熟时红色。花期5—6月，果期7—9月。生于海拔2200m以下的沙丘或干燥山坡上。

66 鸢尾科 Iridaceae

紫苞鸢尾 *Iris ruthenica* Ker-Gawl.

鸢 尾 属

根状茎细长，匍匐。植株基部被褐色纤维状宿存叶鞘。基生叶线形，两面具突出纵脉。花葶细弱，长1~5cm；苞片膜质，椭圆状披针形；花单生，蓝紫色或蓝色，具蓝紫色条纹。蒴果具棱；种子有白色假种皮状的种脊。花期5—6月，果期7—8月。生于海拔1000~2300m的山坡草地、疏林下、草甸、路旁。

67 兰科 Orchidaceae

紫点杓兰 *Cypripedium guttatum* Sw.

杓 兰 属

根状茎细长横生，茎基部有棕色叶鞘。叶片2，椭圆形，基部楔形或近圆形抱茎。苞片叶状；花1朵，白色，有紫色斑点；中萼片卵状椭圆形，合萼片近线形；花瓣与合萼片约等长。蒴果纺锤形，纵裂。花期5—7月，果期8—9月。生于海拔1650~2490m的山地阴坡林下或草地。

大花杓兰*Cypripedium macranthum* Sw.

杓兰属

根状茎横生，茎基部有棕色叶鞘。茎生叶3～5枚，椭圆形，基部狭楔形成鞘状，抱茎。花单生，紫红色；花瓣卵状披针形，稍长于中萼片；唇瓣基部和囊的内面底部有长柔毛；柱头近菱形，子房圆柱形。蒴果纺锤形，有纵棱。花期6—7月，果期8—9月。生于海拔400～2400m的阴坡林下、山坡草地或河沟。根茎和根入药；花大而美丽，可栽培供观赏。

山西杓兰*Cypripedium shanxiense* S. C. Chen

杓兰属

具稍粗壮而匍匐的根状茎。茎直立，被短柔毛和腺毛，基部具数枚鞘，鞘上方具3～4枚叶。叶片椭圆形至卵状披针形，先端渐尖，唇瓣深囊状，近球形至椭圆形。花序顶生，通常具2花，较少1花或3花。蒴果近梭形或狭椭圆形，疏被腺毛或无毛。花期5—7月，果期7—8月。生于海拔1000～2500m的林下或草坡上。具有较高的园艺价值。

手参 *Gymnadenia conopsea* (L.) R. Br.

块茎1或2个，掌状分裂，肉质。叶3～7片，基部狭长成鞘状，抱茎。总状花序，花多且密，圆柱状，长10～14cm；花紫色或粉红色；侧萼片常长于中萼片，反折；花瓣宽于萼片，斜卵状三角形；唇瓣3裂，距圆筒状，下垂；花药椭圆形，花粉块柄短，粘盘近线形；子房扭转。花期6—8月，果期8—9月。生于海拔265～4700m的阴坡林下、林缘、高山草甸内。块茎入药。

对叶兰 *Neottia puberula* (Maxim.) Szlach.

根状茎极短，根纤细。叶2枚，对生，生于茎中部，无柄，叶片宽卵形。花数朵，排列成稀疏的总状花序；花瓣狭窄，稍短于萼片；唇瓣舌状，2裂，裂间有小尖头；蕊柱弓状弯曲。花期7—9月，果期9—10月。生于海拔1500m以上的阴坡林下阴湿处。

原沼兰*Malaxis monophyllos* (L.) Sw.

　　地生草本。假鳞茎外被多数白色膜质鞘；茎基部有膜质叶鞘。基生叶1～2枚，膜质，先端钝，基部渐狭成鞘状叶柄。总状花序，序轴有狭翅；花小，黄绿色，侧萼片与中萼片相似但斜形，花瓣稍短于萼片；唇瓣先端尾尖状，上部边缘外卷，有疣状突起，基部有耳状侧裂片；蕊柱扁，有翅；花梗扭转。蒴果椭圆形。花果期7—8月。生于海拔800～4100m的山地阴坡林下、亚高山草甸中。

动物资源

雀鹰 *Accipiter nisus* L.

鹰形目 1 鹰 科

形态特征：雄鸟上体鼠灰色或暗灰色，头顶、枕和后颈较暗，前额微缀棕色，后颈羽基白色，常显露于外，其余上体自背至尾上覆羽暗灰色，尾上覆羽羽端有时缀有白色；尾羽灰褐色，具灰白色端斑和较宽的黑褐色次端斑；另外还具4～5道黑褐色横斑；初级飞羽暗褐色，内翈白色而具黑褐色横斑，其中，第五枚初级飞羽内翈具缺刻，第六枚初级飞羽外翈具缺刻；次级飞羽外翈青灰色，内翈白色而具暗褐色横斑；翅上覆羽暗灰色，眼先灰色，具黑色刚毛，有的具白色眉纹；头侧和脸棕色，具暗色羽干纹。下体白色，颏和喉部满布以褐色羽干细纹；胸、腹和两胁具红褐色或暗褐色细横斑；尾下覆羽亦为白色，常缀不甚明显的淡灰褐色斑纹，翅下覆羽和腋羽白色或乳白色，具暗褐色或棕褐色细横斑；尾羽下面亦具4～5道黑褐色横带。

分布与生境：栖息于针叶林、混交林、阔叶林等山地森林和林缘地带，冬季主要栖息于低山丘陵、山脚平原、农田地边，以及村庄附近，尤其喜欢在林缘、河谷、采伐迹地的次生林和农田附近的小块丛林地带活动。喜在高山幼树上筑巢。

斑嘴鸭*Anas poecilorhyncha* Swinhoe 　　雁形目 2 鸭 科

形态特征：雄鸟从额至枕棕褐色，从喙基经眼至耳区有一棕褐色纹；眉纹淡黄白色；眼先、颊、颈侧、颏、喉均呈淡黄白色，并缀有暗褐色斑点；上背灰褐色沾棕色，具棕白色羽缘，下背褐色，腰、尾上覆羽和尾羽黑褐色，尾羽羽缘较浅淡；初级飞羽棕褐色，次级飞羽蓝绿色而具紫色光泽，近端处黑色，端部白色，在翅上形成明显的蓝绿色而闪紫色光泽的翼镜和

翼镜后缘的黑边和白边，飞翔时极明显，三级飞羽暗褐色，外翈具宽阔的白缘，形成明显的白斑；翅上覆羽暗褐色，羽端近白色，大覆羽近端处白色，端部黑色，形成翼镜前缘的白色；胸淡棕白色，杂有褐斑，腹褐色，羽缘灰褐色至黑褐色，尾下覆羽黑色，翼下覆羽和腋羽白色。雌鸟似雄鸟，但上体后部较淡，下体自胸以下均淡白色，杂以暗褐色斑；喙端黄斑不明显；虹膜黑褐色，外围橙黄色；喙蓝黑色，具橙黄色端斑；喙甲尖端微具黑色，跗跖和趾橙黄色，爪黑色。幼鸟似雌鸟，但上喙大都棕黄色，中部开始变为黑色，下喙多为黄色，亦开始变黑；体羽棕色边缘较宽，翼镜前后缘的白纹亦较宽，尾羽中部和边缘棕白色，尾下覆羽淡棕白色。

分布与生境：主要栖息在内陆各类大小湖泊、水库、江河、水塘、河口、沙洲和沼泽地带，迁徙期间和冬季也出现在沿海和农田地带。

鸳鸯*Aix galericulata* L. 　　雁形目 2 鸭 科

形态特征：鸳指雄鸟，鸯指雌鸟，故鸳鸯属合成词。雁形目的中型鸭类，大小介于绿头鸭和绿翅鸭之间，体长38~45cm，体重0.5kg左右。雌雄异色，雄鸟喙红色，脚橙黄色，羽色鲜艳而华丽，头具艳丽的冠羽，眼后有宽阔的白色眉纹，翅上有一对栗黄色扇状直立羽，像帆一样立于后背，非常奇特和醒目，野外极易辨认。雌鸟喙黑色，脚橙黄色，头和整个上体灰褐色，眼周白色，其后连一细的白色眉纹，亦极为醒目和独特。

分布与生境：主要栖息于山地森林河流、湖泊、水塘、芦苇沼泽和稻田地中。杂食性。鸳鸯为中国著名的观赏鸟类。

珠颈斑鸠 *Spilopelia chinensis* Scopoli 鸽形目 **3** 鸠 鸽 科

形态特征：小型鸟类，体长27～34cm，体重120～205g，喙峰长15～19mm，翅长137～163mm，尾长123～165mm，跗跖长20～26mm。头为鸽灰色，上体大都褐色，下体粉红色，后颈有宽阔的黑色，其上满布以白色细小斑点形成的领斑，在淡粉红色的颈部极为醒目。尾甚长，外侧尾羽黑褐色，末端白色，飞翔时极明显。喙暗褐色，脚红色。

分布与生境：栖息于有稀疏树木生长的平原、草地、低山丘陵和农田地带，也常出现于村庄附近的杂木林、竹林及地边树上或住家附近。

冠鱼狗 *Megaceryle lugubris* Temminck 佛法僧目 **4** 翠 鸟 科

形态特征：中等体形。身长24～26cm，翼展45～47cm，体重70～95g，寿命4年。头具显著羽冠。身体羽毛黑色，具许多白色椭圆或其他形状大斑点，羽冠中部基本全白色，只有少许白色圆斑点；喙下、枕、后颈白色；背、腰、尾下覆羽灰黑色，各羽也具许多白色横斑。翼黑色，初级飞羽各羽具许多不太圆的白色圆斑，次级飞羽各羽具许多整齐的白色横斑。颏、喉白色，喙下有一黑色粗线延伸至前胸。前胸黑色，具许多白色横斑；下胸、腹、短的尾下覆羽白色；长的尾下覆羽和两胁似前胸，为黑白相间。虹膜褐色。喙角黑色，上喙基部和先端淡绿褐色。脚肉褐色。

分布与生境：栖息于林中溪流、山脚平原、灌丛或疏林、水清澈而缓流的小河、溪涧、湖泊以及灌溉渠等水域。常在江河、小溪、池塘以及沼泽地上空飞翔俯视觅食。

勺鸡 *Pucrasia macrolopha* Lesson 　鸡形目 5 雉 科

　　形态特征：体长390～630mm，体重
750～1100g。体形适中，头部完全被羽，
无裸出部，并具有枕冠。第一枚初级飞羽
较第二枚短甚，第二枚与第六枚等长；第
四枚稍较第三枚长，同时也是最长的。尾
羽16枚，呈楔尾状；中央尾羽较外侧的
约长1倍。跗跖较中趾连爪稍长，雄性具
有一长度适中的钝形距。雌雄异色，雄鸟
头部呈金属暗绿色，并具棕褐色和黑色的
长冠羽；颈部两侧各有一白色斑；体羽呈
现灰色和黑色纵纹；下体中央至下腹深栗色。雌鸟体羽以棕褐色为主；头不呈暗绿色，下
体也无栗色。

　　分布与生境：栖息于针阔混交林、密生灌丛的多岩坡地、山脚灌丛、开阔的多岩林
地、松林及杜鹃林。生活于海拔1500～4000m的高山之间。

环颈雉 *Phasianus colchicus* L. 　鸡形目 5 雉 科

　　形态特征：体形较家鸡略小，但尾巴
却长得多。雄鸟和雌鸟羽色不同，雄鸟羽
色华丽，多具金属反光，头顶两侧各具有
1束能耸立起而羽端呈方形的耳羽簇，下
背和腰的羽毛边缘披散如发状；翅稍短
圆。尾羽18枚，尾长而逐渐变尖，中央
尾羽比外侧尾羽长得多，雄鸟尾羽羽缘分
离如发状。雄鸟跗跖上有短而锐利的距，
为格斗攻击的武器，近年来还发现距的长
度与其所拥有的配偶数量明显相关，是雌
鸟选择配偶的一个重要标准。

　　分布与生境：栖息于低山丘陵、农田、地边、沼泽草地，以及林缘灌丛和公路两边的
灌丛与草地中，杂食性。所吃食物随地区和季节而不同。

大山雀 *Parus major* Vieillot

　　形态特征：体长13～15cm。整个头呈黑色，头两侧各有一大型白斑，喙呈尖细状。上体为蓝灰色，背沾绿色；下体白色，胸、腹有1条宽阔的中央纵纹羽，颏、喉黑色相连。

　　分布与生境：栖息于低山和山麓地带的次生阔叶林、阔叶林和针阔叶林混交林中，也出入人工林和针叶林。保护区广布。

煤山雀 *Periparus ater* L.

　　形态特征：小型鸟类。体长11cm。头顶、颈侧、喉及上胸黑色。翼上具2道白色翼斑以及颈背部的大块白斑使之有别于褐头山雀及沼泽山雀。背灰色或橄榄灰色，白色的腹部或有或无皮黄色。多数亚种具尖状的黑色冠羽。虹膜褐色。喙黑色，边缘灰色。脚青灰色。

　　主要栖息于海拔3000m以下的低山和山麓地带的次生阔

叶林、阔叶林和针阔叶混交林中，也出没于竹林、人工林和针叶林。性活跃，常在枝头跳跃，在树皮上剥啄昆虫，或在树间作短距离飞行。非繁殖期喜集群。保护区广布。

沼泽山雀 *Parus palustris* L.

雀形目 6 山雀科

形态特征：雄性成鸟：前额、头顶、后颈、以及上背前部概呈辉黑色；自喙基经颊、耳羽以至颈侧均为白色而沾灰色；背和肩沙灰褐色，腰和尾上覆羽较背淡而微沾黄色；尾羽灰褐色，除中央一对外，均具灰白色的外缘；飞羽灰褐色，羽干黑褐色，外侧羽片具灰褐色狭缘，在外侧的飞羽转为灰白色；覆羽灰褐色，初级覆羽的外侧羽片缘以淡橄榄褐色，其余覆羽均外缘以橄榄褐，但大覆羽的羽缘较淡；颏、喉黑色，下喉羽片具白色先端；胸、腹至尾下覆羽苍白色，两胁沾灰棕色；腋羽和翅下覆羽苍白。雌性成鸟：羽色同雄鸟。幼鸟：羽色与成鸟相似，但较苍淡。

分布与生境：常在针叶林、阔叶林或针阔混交林中高大乔木的树冠活动，偶尔也到低矮的灌丛中觅食，在近水源的林区更易见到。

白眉鹀 *Emberiza tristrami* Swinhoe

雀形目 7 鹀科

形态特征：体长 13～15cm。喙为圆锥形，与雀科的鸟类相比较为细弱，上下喙边缘不紧密切合而微向内弯。雄鸟头黑色，中央冠纹、眉纹和 1 条宽阔的额纹概为白色。背、肩栗褐色且具黑色纵纹，腰和尾上覆羽栗色或栗红色。颏、喉黑色，下喉白色，胸栗色，其余下体白色，两胁具栗色纵纹。

分布与生境：栖息于海拔 700～1100m 的低山针阔叶混交林、针叶林和阔叶林、林缘次生林、林间空地、溪流沿岸森林，尤以林下植物发达的针阔叶混交林中较常见，不喜欢无林的开阔地带，尤喜在山溪沟谷、林缘、林间空地和林下灌丛或草丛活动。

灰眉岩鹀 *Emberiza godlewskii* Taczanowski 　雀形目 7 鹀 科

形态特征：体形较小，体长140～174mm，体重15～23g。喙为圆锥形，喙峰9～12mm，切合线中略有缝隙，上下喙边缘不紧密切合而微向内弯；体羽似麻雀，外侧尾羽有较多的白色。跗跖长17～20mm。雌雄羽色相似，头顶至后颈为淡灰褐色且具较多黑色纵纹，贯眼纹和头顶两侧的侧贯纹黑色或栗色，背与两肩红褐色或栗色且具黑色中央纹。下体羽色较浅淡，胸以下为淡橙色。

分布与生境：喜干燥而多岩石的丘陵山坡及近森林而多灌丛的沟壑深谷，也喜农耕地。

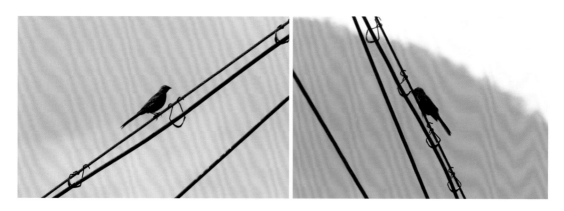

三道眉草鹀 *Emberiza cioides* Temminck 　雀形目 7 鹀 科

形态特征：雄雌个体同形异色。雄性成鸟额呈黑褐色和灰白色混杂状；头顶及枕深栗红色，羽缘淡黄色；眼先及下部各有1条黑纹；耳羽深栗色；眉纹白色，自喙基伸至颈侧；上体余部栗红色，向后渐淡，各羽缘以土黄色，并具黑色羽干纹，而下体和尾上覆羽纯色；中央一对尾羽栗红色而具黑褐色羽干纹，其余尾羽黑褐色，外翈边缘土黄色，最外一对有一白色带从内翈端部直达外翈的近基部，外侧第二对末端中央有一楔状白斑；小覆羽灰褐色，羽缘较浅白色；中覆羽内翈褐色，外翈栗红色，羽端土黄色；大覆羽和三级飞羽中央黑褐色，羽缘黄白色；小翼羽、初级飞羽暗褐色，羽缘淡棕色；飞羽均暗褐色，初级飞羽外缘灰白色，次级飞羽的羽缘淡红褐色；颏及喉淡灰色；上胸栗红色，呈明显横带；两胁栗红色而至栗黄色，越往后越淡，直至和尾下覆羽及腹部的沙黄色相混合。腋羽和翼下覆羽灰白色，羽基微黑。

分布与生境：喜栖在开阔地带、丘陵地带的稀疏阔叶林、人工林和其他小片林缘，在半山区的开阔地区也有分布。

乌鸫 *Turdus mandarinus* Bonaparte 　雀形目 8 鸫 科

　　形态特征：体重55～126g，体长210～296mm。雄性的乌鸫除了黄色的眼圈和喙外，全身都是黑色。雌性和刚出生的乌鸫没有黄色的眼圈，但有一身褐色的羽毛和喙。虹膜褐色，鸟喙橙黄色或黄色，脚黑色。

　　分布与生境：栖息于次生林、阔叶林、针阔叶混交林和针叶林等各种不同类型的森林中。见于保护区石头堡。

北红尾鸲 *Phoenicurus auroreus* Pallas

雀形目 9 鸫 科

形态特征：小型鸟类，体长13～15cm。雄鸟头顶至直背石板灰色，下背和两翅黑色且具明显的白色翅斑，腰、尾上覆羽和尾橙棕色，中央一对尾羽和最外侧一对尾羽外翈黑色，前额基部、头侧、颈侧、颏喉和上胸概为黑色，其余下体橙棕色。雌鸟上体橄榄褐色，两翅黑褐色且具白斑，眼圈微白色，下体暗黄褐色。相似种红腹红尾鸲头顶至枕羽色较淡，多为灰白色，尾全为橙棕色，中央尾羽和外侧一对尾羽外翈不为黑色。

分布与生境：主要栖息于山地、森林、河谷、林缘和居民点附近的灌丛与低矮树丛中。

树鹨 *Anthus hodgsoni* Richmond

雀形目 10 鹡鸰科

　　形态特征：上体橄榄绿色或绿褐色。头顶具细密的黑褐色纵纹，往后到背部纵纹逐渐不明显。眼先黄白色或棕色，眉纹自喙基起棕黄色，后转为白色或棕白色，具黑褐色贯眼纹。下背、腰至尾上覆羽几纯橄榄绿色，无纵纹或纵纹极不明显。两翅黑褐色且具橄榄黄绿色羽缘，中覆羽和大覆羽具白色或棕白色端斑。尾羽黑褐色具橄榄绿色羽缘，最外侧一对尾羽具大型楔状白斑，次一对外侧尾羽仅尖端白色。额、喉白色或棕白色，喉侧有黑褐色颧纹，胸皮黄白色或棕白色，其余下体白色，胸和两胁具粗的黑色纵纹。

　　分布与生境：繁殖期间主要栖息在海拔1000m以上的阔叶林、混交林和针叶林等山地森林中，在南方可达海拔4000m左右的高山森林地带。夏季亦主要在高山矮曲林和疏林灌丛栖息。迁徙期间和冬季，则多栖于低山丘陵和山脚平原草地。常活动在林缘、路边、河谷、林间空地、高山苔原、草地等各类生境，有时也出现在居民点和社区。

田鹨 *Anthus richardi* Vieillot

雀形目 10 鹡鸰科

　　形态特征：小型鸣禽，体长15～19cm。上体多为黄褐色或棕黄色，头顶和背具暗褐色纵纹，眼先和眉纹皮黄白色。下体白色或皮黄白色，喉两侧有一暗褐色纵纹，胸具暗褐色纵纹。尾黑褐色，最外侧一对尾羽白色。脚和后爪甚长，在地上站立时多呈垂直姿势，行走迅速，且尾不停地上下摆动，野外停栖时，常做有规律的上、下摆动。腿细长，后趾具长爪，适于在地面行走。

　　分布与生境：喜欢在针叶、阔叶、杂木等种类树林或附近的草地栖息，也好集群活动。见于稻田及草地。急速于地面奔跑，进食时尾摇动。

灰鹡鸰*Motacilla cinerea* Tunstall　雀形目 10 鹡鸰科

　　形态特征：雄鸟前额、头顶、枕和后颈灰色或深灰色；肩、背、腰灰色沾暗绿褐色或暗灰褐色；尾上覆羽鲜黄色，部分沾有褐色，中央尾羽黑色或黑褐色，具黄绿色羽缘，外侧3对尾羽除第一对全为白色外，第二、三对外翈黑色或大部分黑色，内翈白色；两翅覆羽和飞羽黑褐色，初级飞羽除第一、二、三对外，其余初级飞羽内翈具白色羽缘，次级飞羽基部白色，形成一道明显的白色翼斑，三级飞羽外翈具宽阔的白色或黄白色羽缘；眉纹和颧纹白色，眼先、耳羽灰黑色；颏、喉夏季为黑色，冬季为白色，其余下体鲜黄色。雌鸟和雄鸟相似，但雌鸟上体较绿灰，颏、喉白色，不为黑色。虹膜褐色，喙黑褐色或黑色，跗跖和趾暗绿色或角褐色。

　　分布与生境：主要栖息于溪流、河谷、湖泊、水塘、沼泽等水域岸边或水域附近的草地、农田、住宅和林区居民点，尤其喜欢在山区河流岸边和道路上活动，也出现在林中溪流和城市公园中。

棕头鸦雀*Sinosuthora webbiana* Gould　雀形目 11 鸦雀科

　　形态特征：全长约12cm。头顶至上背棕红色，上体余部橄榄褐色，翅红棕色，尾暗褐色。喉、胸粉红色，下体余部淡黄褐色。

　　分布与生境：常栖息于中海拔的灌丛及林缘地带，分布于自东北至西南一线向东的广大地区。

黄腹柳莺*Phylloscopus affinis* Tickell　　雀形目 **12** 柳 莺 科

　　形态特征：体形较小，体长88～106mm。眉纹自鼻孔延伸到颈后，呈现出黄色，贯眼纹暗褐色，无中央冠纹和侧冠纹。跗跖长16～21mm。雌雄羽色相似，成鸟腹部呈明显的黄色；翅上无翼斑，羽缘呈现出黄绿色，翅和尾羽为褐色；上体为暗橄榄褐色；下体草黄色。

　　分布与生境：栖息于热带和亚热带地区的森林、灌木丛和林缘地带，喜欢栖息在树冠层，通常在繁茂的森林中觅食和繁殖。从海拔超过2000m的林区、农耕地区到海拔4500m以上的高原灌丛地区均有分布。

黄腰柳莺 *Phylloscopus proregulus* Pallas 雀形目 12 柳莺科

形态特征：雌雄两性羽色相似。上体包括两翼的内侧覆羽概呈橄榄绿色，在头较浓，向后渐淡；前额稍呈黄绿色；头顶中央冠纹呈淡绿黄色；眉纹显著，呈黄绿色，自喙基直伸到头的后部；自眼先有1条暗褐色贯眼纹，沿着眉纹下面，向后延伸至枕部；颊和耳上覆羽为暗绿与绿黄色相杂；腰羽黄色，形成宽阔横带，故称黄腰柳莺。尾羽黑褐色，各羽外翈羽缘黄绿色，内翈具狭窄的灰白羽缘；翼的外侧覆羽以及飞羽均呈黑褐色，各羽外翈均缘以黄绿色；中覆羽和大覆羽的先端淡黄绿色，形成翅上明显的2道翼斑；最内侧3级飞羽亦具白端。下体苍白色，稍沾黄绿色，尤以两胁、腋羽和翅下覆羽明显，尾下覆羽黄白色，翼缘黄绿色。

分布与生境：常活动于树顶枝叶层中，易与其他柳莺种类混淆。主要栖息于针叶林和针阔叶混交林，从山脚平原一直到山上部林缘疏林地带皆有栖息。单独或成对活动在高大的树冠层中。性活泼、行动敏捷，常在树顶枝叶间跳来跳去寻觅食物。食物主要为昆虫。

黄眉柳莺 *Phylloscopus inornatus* Brooks　　雀形目 12 柳 莺 科

　　形态特征：体形纤小，体长100mm左右。上体橄榄绿色；眉纹淡黄绿色；翅具2道浅黄绿色翼斑。头部色泽较深，在头顶的中央贯以1条若隐若现的黄绿色纵纹。自眼先有1条暗褐色的纵纹，穿过眼睛，直达枕部；头的余部为黄色与绿褐色相混杂。翼上覆羽与飞羽黑褐色；飞羽外翈狭缘以黄绿色，且除最外侧几枚飞羽外，余者羽端均缀以白色；大覆羽和中覆羽尖端淡黄白色，形成翅上的2道翼斑；尾羽黑褐色，各翅外缘以橄榄绿色狭缘，内缘以白色。下体白色，胸、胁、尾下覆羽均稍沾绿黄色，腋羽亦然。雌雄两性羽色相似。

　　分布与生境：栖息于海拔几米至4000m的高原、山地和平原地带的森林中，包括针叶林、针阔混交林、柳树丛和林缘灌丛，以及园林、果园、田野、村落、庭院等处。

麻雀 *Passer montanus* L.　　雀形目 13 雀 科

　　形态特征：雄鸟从额至后颈纯肝褐色；上体沙棕褐色，具黑色条纹；翅上有2道显著的近白色横斑纹；颏和喉黑色。雌鸟似雄体，但色彩较淡或暗，额和颊羽具暗色先端，喙基带黄色。

　　分布与生境：主要栖息在人类居住的环境，无论是山地、平原、丘陵、草原、沼泽和农田，还是城镇和乡村，在有人类集居的地方多有分布。

山麻雀*Passer cinnamomeus* Gould 雀形目 13 雀 科

形态特征：雄鸟上体从额、头顶、后颈一直到背和腰概为栗红色，上背内翈具黑色条纹，背、腰外翈具窄的土黄色羽缘和羽端；尾上覆羽黄褐色，尾暗褐色或褐色亦具土黄色羽缘，中央尾羽边缘稍红；两翅暗褐色，外翈羽缘棕白色，翅上小覆羽栗红色，中覆羽黑栗色，每片羽毛中央有一楔状栗色斑，两侧黑栗色而具宽阔的白色端斑，大覆羽黑栗色而具宽阔的栗红色至栗黄色羽缘，小翼羽和初级覆羽黑褐色；初级和次级飞羽黑色，具宽阔的栗黄色羽缘，初级飞羽外翈基部有2道棕白色横斑；眼先和眼后黑色，颊、耳羽、头侧白色或淡灰白色；颏和喉部中央黑色，喉侧、颈侧和下体灰白色有时微沾黄色，覆腿羽栗色；腋羽灰白色沾黄色。雌鸟上体橄榄褐色或沙褐色，上背满杂以棕褐与黑色斑纹，腰栗红色，眼先和贯眼纹褐色，一直向后延伸至颈侧；眉纹皮黄白色或土黄色，长而宽阔；颊、头侧、颏、喉皮黄色或皮黄白色，下体淡灰棕色，腹部中央白色，两翅和尾颜色同雄鸟。

分布与生境：栖息于海拔1500m以下的低山丘陵和山脚平原地带的各类森林和灌丛中，多活动于林缘疏林、灌丛和草丛中，不喜欢茂密的大森林，有时也到村镇和居民点附近的农田、河谷、果园、岩石草坡、房前屋后和路边树上活动和觅食。

矛纹草鹛 *Pterorhinus lanceolatus* Verreaux 　雀形目 14 噪鹛科

　　形态特征：中型鸟类，体长25～29cm。头顶和上体暗栗褐色且具灰色或棕白色羽缘。形成栗褐色或灰色纵纹。下体棕白色或淡黄色，胸和两胁具暗色纵纹，髭纹黑色。尾褐色，具黑色横斑。虹膜白色、黄白色、黄色至橙黄色。喙黑褐色至角褐色。

　　分布与生境：主要栖息于稀树灌丛草坡、竹林、常绿阔叶林、针阔叶混交林、亚高山针叶林和林缘灌丛中，喜结群，除繁殖期外，常成小群活动，多活动在林内或林缘灌木丛和高草丛中，尤其喜欢在有稀疏树木的开阔地带灌丛和草丛中活动和觅食。

大嘴乌鸦 *Corvus macrorhynchos* Wagler 　雀形目 15 鸦科

　　形态特征：雀形目鸟类中体形最大的几个物种之一，成年的大嘴乌鸦体长可达50cm左右。雌雄相似。全身羽毛黑色，除头顶、枕、后颈和颈侧光泽较弱外，其他包括背、肩、腰、翼上覆羽和内侧飞羽在内的上体均具紫蓝色金属光泽。初级覆羽、初级飞羽和尾羽具暗蓝绿色光泽。下体乌黑色或黑褐色。喉部羽毛呈披针形，具有强烈的绿蓝色或暗蓝色金属光泽。其余下体黑色具紫蓝色或蓝绿色光泽，但明显较上体弱。喙粗且厚，上喙前缘与前额几成直角。额头特别突出，在栖息状态下，这一点是辨识本物种的重要依据。

　　分布与生境：主要栖息于低山、平原和山地阔叶林、针阔叶混交林、针叶林、次生杂木林、人工林等各种森林类型中，尤以疏林和林缘地带较常见。

喜鹊 *Pica pica* L.　　雀形目 15 鸦 科

形态特征：体长40～50cm。雌雄羽色相似。头、颈、背至尾均为黑色，并自前往后分别呈现紫色、绿蓝色、绿色等光泽。双翅黑色而在翼肩有一大形白斑。尾远较翅长，呈楔形。喙、腿、脚纯黑色。腹面以胸为界，前黑后白。

分布与生境：适应能力比较强，在山区、平原都有栖息，无论是荒野、农田、郊区、城市、公园和花园都能看到它们的身影。喜欢把巢筑在民宅旁的大树上，在居民点附近活动。

红嘴蓝鹊 *Urocissa erythroryncha* Boddae　　雀形目 15 鸦 科

形态特征：体态美丽的笼鸟，雌雄羽色相似。前额、头顶至后颈、头侧、颈侧、颏、喉和上胸全为黑色，顶至后颈各羽具白色、蓝白色或紫灰色羽端，且从头顶往后此端斑越来越扩大，形成一个从头顶至后颈，有时甚至到上背中央的大型块斑。背、肩、腰紫蓝灰色或灰蓝色沾褐色，尾上覆羽淡紫蓝色或淡蓝灰色，具黑色端斑和白色次端斑。尾长，呈凸状。中央尾羽蓝灰色且具白色端斑，其余尾羽紫蓝色或蓝灰色，具白色端斑和黑色次端斑。两翅黑褐色，初级飞羽外翈基部紫蓝色，末端白色，次级飞羽内外翈均具白色端斑，外翈羽缘紫蓝色。下体喉、胸黑色，其余下体白色，有时沾蓝色或沾黄色。虹膜橘红色，喙和脚红色。

分布与生境：常见并广泛分布于林缘地带、灌丛甚至村庄。性喧闹，结小群活动。以果实、小型鸟类及卵、昆虫为食，常在地面取食。主动围攻猛禽。保护区常见。

牛头伯劳 *Lanius bucephalus* Temminck et Schlegel 　雀形目 16 伯劳科

　　形态特征：全长可达220mm。喙强健且具钩和齿，头顶及枕部栗红色；背羽灰褐色；黑色贯眼纹明显，尾羽褐色。下体羽棕白色，两胁深棕色。

　　分布与生境：栖息于低山、丘陵和平原地带的疏林和林缘灌丛草地，性活跃，鸣声粗厉洪亮。主要以昆虫为食。

白头鹎 *Pycnonotus sinensis* Gmelin 　雀形目 17 鹎科

　　形态特征：体长17～22cm。额至头顶纯黑色而富有光泽，两眼上方至后枕白色，形成一白色枕环。耳羽后部有一白斑，此白环与白斑在黑色的头部均极为醒目，老鸟的枕羽（后头部）更洁白，所以又叫"白头翁"。背和腰羽大部为灰绿色，翼和尾部稍带黄绿色，颏、喉部白色，胸灰褐色，形成不明显的宽阔胸带，腹部白色或灰白色，杂以黄绿色条纹，上体褐灰色或橄榄灰色，具黄绿色羽缘，使上体形成不明显的暗色纵纹。尾和两翅暗褐色，具黄绿色羽缘。虹膜褐色，喙黑色，脚亦为黑色。幼鸟头灰褐色，背橄榄色，胸部浅灰褐色，腹部及尾下复羽灰白色。

　　分布与生境：主要栖息于海拔1000m以下的低山丘陵和平原地区的灌丛、草地、有零星树木的疏林荒坡、果园、村落、农田地边灌丛、次生林和竹林，也见于山脚和低山地区的阔叶林、混交林和针叶林及其林缘地带。保护区广布。

池鹭 *Ardeola bacchus*

形态特征：典型涉禽类，体长约47cm。翼白色，身体具褐色纵纹。繁殖羽：头及颈深栗色，胸紫酱色。冬季：站立时具褐色纵纹，飞行时体白色而背部深褐色。虹膜褐色，喙黄色（冬季），腿及脚绿灰色。

分布与生境：栖息于稻田、池塘、沼泽，喜单只或3～5只结小群在水田或沼泽地中觅食，性不甚畏人。通常无声，争吵时发出低沉的呱呱叫声。食物以鱼类、蛙、昆虫为主，幼雏与成鸟的食物成分相类似。繁殖期营巢于树上或竹林间，巢呈浅圆盘状，由树枝、杉木枯枝、竹枝、茶树枝及菝葜藤等组成，巢内无其他铺垫物。

大斑啄木鸟 *Dendrocopos major* Brooks

形态特征：雄鸟额棕白色，眼先、眉、颊和耳羽白色，头顶黑色而具蓝色光泽，枕具一辉红色斑，后枕具一窄的黑色横带；后颈及颈两侧白色，形成一白色领圈；肩白色，背辉黑色，腰黑褐色而具白色端斑；两翅黑色，翼缘白色，飞羽内翈均具方形或近方形白色块斑，翅内侧中覆羽和大覆羽白色，在翅内侧形成一近圆形大白斑；中央尾羽黑褐色，外侧尾羽白色并具黑色横斑；颚纹宽阔且呈黑色，向后分上下支，上支延伸至头后部，另一支向下延伸至胸侧；颏、喉、前颈至胸以及两胁污白色，腹亦为污白色，略沾桃红色，下腹中央至尾下覆羽辉红色。雌鸟头顶、枕至后颈辉黑色而具蓝色光泽，耳羽棕白色，其余似雄鸟（东北亚种）。幼鸟（雄性）整个头顶暗红色，枕、后颈、背、腰、尾上覆羽和两翅黑褐色，较成鸟浅淡。前颈、胸、两胁和上腹棕白色，下腹至尾下覆羽浅桃红色。虹膜暗红色，喙铅黑或蓝黑色，跗跖和趾褐色。

分布与生境：栖息于山地和平原针叶林、针阔叶混交林和阔叶林中，尤以混交林和阔叶林较多，也出现于林缘次生林和农田地边疏林及灌丛地带。保护区广布。

豹猫 *Prionailurus bengalensis* Kerr

食肉目 20 猫 科

形态特征：头体长360～660mm，体重1.5～5kg。在中国也被称作"钱猫"，因为其身上的斑点很像中国的铜钱。体形和家猫相仿，但更加纤细，腿更长。南方种的毛色基调是淡褐色或浅黄色，而北方的毛基色显得更灰且周身有深色的斑点。体侧有斑点，但从不连成垂直的条纹。明显的白色条纹从鼻子一直延伸到两眼间，常常到头顶。耳大而尖，耳后黑色，带有白斑点。2条明

显的黑色条纹从眼角内侧一直延伸到耳基部。内侧眼角到鼻部有1条白色条纹，鼻吻部白色。尾长（是头体长的40%～50%），有环纹至黑色尾尖。

分布与生境：主要栖息于山地林区、郊野灌丛和林缘村寨附近。可从低海拔海岸带一直分布到海拔3000m的山地林区。窝穴多在树洞、土洞、石块下或石缝中。主要为地栖，但攀爬能力强，在树上活动灵敏自如。夜行性，晨昏活动较多。独栖或成对活动。善游水，喜在水塘边、溪沟边、稻田边等近水之处活动和觅食。

貉 *Nyctereutes procyonoides* Gray

食肉目 21 犬 科

形态特征：犬科非常古老的物种，被认为是类似犬科祖先的物种。体形短而肥壮，介于浣熊和狗之间，小于犬、狐。体色乌棕。吻部白色；四肢短而呈黑色；尾巴粗短。脸部有一块黑色的"海盗似的面罩"。

分布与生境：栖息于阔叶林中开阔、接近水源的地方或开阔草甸、茂密的灌丛带和芦苇地，很少见于高山的茂

密森林。夜行性，沿着河岸、湖边以及海边觅食。食谱广泛，取食范围从鸟类、小型哺乳动物直至水果。以成对或临时式的家族群体被发现。与大多数的犬科成员不同，貉比较善于爬树。貉也是犬科动物中唯一一种冬眠的动物。

亚洲狗獾 *Meles leucurus* Hodgson 　食肉目 22 鼬科

　　形态特征：在鼬科中体形较大。肥壮，颈部粗短，四肢短健，尾短。体背褐色与白色或乳黄色混杂，四肢内侧黑棕色或淡棕色。

　　分布与生境：一般在春、秋两季活动，性情凶猛，冬眠，挖洞 而居。杂食性，每年繁殖1次，每胎2~5崽。栖息环境比较广泛，如森林、灌丛、田野、湖泊等各种环境均有栖息。

黄鼬 *Mustela sibirica* 　食肉目 22 鼬科

　　形态特征：小型的食肉动物。俗名黄鼠狼。体长28~40cm，尾长12~25cm，体重210~1200g。雌性小于雄性1/3~1/2。头骨为狭长形，顶部较平。体形中等，身体细长。头细，颈较长。耳壳短而宽，稍突出于毛丛。尾长约为体长的一半。冬季尾毛长而蓬松，夏秋毛绒稀薄，尾毛不散开。四肢较短，均具5趾，趾端爪尖锐，趾间有很小的皮膜。肛门腺发达。雄兽的阴茎骨基部膨大呈结节状，端部呈钩状。周身皮毛棕黄色或橙黄色。

　　分布与生境：栖息于平原、沼泽、河谷、村庄、城市和山区等地带。夜行性，主要以啮齿类动物为食，偶尔也吃其他小型哺乳动物，每年3~4月发情交配。选择柴草垛下、堤岸洞穴、墓地、乱石堆、树洞等隐蔽处筑巢。雌兽妊娠期为33~37天。通常5月产崽，每胎产2~8崽。与很多鼬科动物一样，它们体内具有臭腺，可以排出臭气，在遇到威胁时，起到麻痹敌人的作用。

猪獾 *Arctonyx collaris* Cuvier　　食肉目 22 鼬 科

　　形态特征：别称沙獾，山獾，是鼬科猪獾属的哺乳动物。体形粗壮，吻鼻部裸露突出，似猪拱嘴。四肢粗短，头大颈粗，耳小眼也小，尾短；其整个身体呈现黑白两色混杂，背毛黑褐色，胸、腹部两侧颜色同背色，中间为黑褐色。四肢色同腹色。尾毛长，白色。

　　分布与生境：杂食性动物，喜欢穴居，在夜间活动，有冬眠习性。发情、交配于4～9月，每胎产2～4崽。

喜马拉雅斑羚 *Naemorhedus goral* Hardwicke　　鲸偶蹄目 23 牛 科

　　形态特征：体形较小，平均体长1000mm左右，肩高约510mm。颌下无须。具足腺，无鼠蹊腺。雌雄两性均具角，角长128～150mm，横切面呈圆形，二角由头部向后上方斜向伸展，角尖略微下弯。被毛麻灰色到灰褐色且具有厚的底绒，其上覆盖着粗的黑色针毛，雄性具有半直立的鬃。在冬季体毛更为蓬松，四肢浅褐色或黄褐色，前肢甚至白色，深色背纹微弱或缺。喉通常为多变化的白色，腹面灰白色。尾的下半段黑色，不具丛毛。

　　分布与生境：典型的林栖兽类，栖息在陡峭的山区，多栖息于远郊区县较高的山地森林，尤其喜欢栖息在其他动物与人类难以攀登的石碴子上，也在一面为缓坡而另一面为悬崖峭壁的山顶栖息。常在密林间的陡峭崖坡出没，并在崖石旁、岩洞或丛竹间的小道上隐蔽。一般数只或10多只一起活动，其活动范围多不超过林线上限。食草动物，食物包括草叶、芽、根、树枝、地衣、真菌、树叶、水果和坚果。

狍*Capreolus pygargus* Pallas

形态特征：中小型鹿类，体长约1.2m，体重约30kg；成体肩高82~94cm，尾长2~4cm。无獠牙；后肢略长于前肢；耳短，内外均被毛。体表为草黄色，尾根下有白毛；冬季皮毛呈现灰白色至浅棕色，尾淡黄色，臀部有明显白色。雄狍有角，雌性无角，雄性长角只分3个叉。

分布与生境：栖息在不同类型的落叶林和混交林以及森林草原上，生活于海拔3300m的高海拔地区。

花鼠*Tamias sibiricus* Laxmann　啮齿目 25 松 鼠 科

形态特征：因体背有数条明暗相间的平行纵纹而得名。体形中等，长约15cm，尾长约10cm，体重100g以上。尾毛长而蓬松，呈帚状，并伸向两侧。四肢略长，耳壳明显露出毛被外。个体有颊囊，耳壳显著、无簇毛。尾毛蓬松，尾端毛较长。

分布与生境：生境较广泛，平原、丘陵、山地的针叶林、阔叶林、针阔混交林以及灌木丛较密的地区都有。一般栖息于林区及林缘灌丛和多低山丘陵的农区，多在树木和灌丛的根际挖洞，或利用梯田埂和天然石缝间穴居。

山地麻蜥*Eremias brenchleyi* Günther　有鳞目 26 蜥 蜴 科

形态特征：华北地区一种常见的蜥蜴类动物。体形较小，尾部约为身长的1.5倍。眼下鳞伸入上唇鳞之间。雄蜥于繁殖季节体侧各具一条红色的纵纹。

分布与生境：栖息在平原、高原和丘陵地带，主要生活在石质高地。

中文名索引

学名索引